# 你若盛开 蝴蝶自来

## 2

### 做一个淡定优雅的女人

雅 楠◎著

中国纺织出版社

## 内 容 提 要

此书是继《你若盛开，蝴蝶自来：女人自我经营的智慧课》之后，再次写给女人的一本自我修炼之作。每个女人都渴望美丽和幸福，而人生唯一不会褪色的美丽是优雅，唯一能品尝出幸福的心态是淡定。做个淡定优雅的女人不是遥不可及的梦，每个女人都具备这样的潜能，只是需要经过漫长的积累，需要不断地学习。但愿这本书能帮助女人优雅地行走在蜿蜒曲折的生活路上，开启一个崭新的人生。

**图书在版编目（CIP）数据**

你若盛开，蝴蝶自来.2，做一个淡定优雅的女人／雅楠著. --北京：中国纺织出版社，2016. 6（2024.1重印）
ISBN 978-7-5180-2354-7

Ⅰ.①你… Ⅱ.①雅… Ⅲ.①女性—修养—通俗读物
Ⅳ.①B825-49

中国版本图书馆CIP数据核字（2016）第030326号

---

策划编辑：郝珊珊　　　　责任印制：储志伟

---

中国纺织出版社出版发行
地址：北京市朝阳区百子湾东里A407号楼　邮政编码：100124
销售电话：010—67004422　传真：010—87155801
http：//www.c-textilep.com
E-mail：faxing@c-textilep.com
中国纺织出版社天猫旗舰店
官方微博http：//weibo.com/2119887771
北京兰星球彩色印刷有限公司　　各地新华书店经销
2016年6月第1版　2024年1月第3次印刷
开本：710×1000　1/16　印张：17
字数：140千字　定价：49.80元

---

# 前　言

对所有女子来说，在斑驳的岁月里老去，是一件听起来近乎残酷却又无法避免的事情。但总有些女人，在面对无可逃避的自然规律和生命历程面前，被时光雕刻得那么美好。她们没有在柴米油盐的浸泡中走样，反倒在时间的洗礼下活出了诗情画意，不急不躁，从容地任青丝变成白发。

世间无数女子都在追问，到底怎样才能够活出这样的优雅呢？旅居法国20年的吉村叶子在《法国女人不花钱也优雅》中指出："法国女人未必都很漂亮，但都散发着恬淡与大气。她们的优雅，不是光靠外表打造出来的，更多的是源自她们的生活方式，以及骨子里散发出的天生的优越感、高贵的气质和格调。"

对女人来说，优雅是一件很难的事，它要气质，要资历，要岁月沉淀，还要一份云淡风轻的心境。优雅的人生，是用平静的心、平和的心态、平淡的活法滋养出来的从容和恬淡。人生的风景，说到底就是心灵的风景。心急了、躁了、乱了，沿途的景致再美，也是枉然。优雅，从来不是寄生于物质之中，而是存在于女人的心里。绚丽的外表是一种荣宠，高贵的内心才是永恒的魅力，再奢侈的物质，都无法弥补精神世界的空虚所带来的遗憾。

尘世的喧嚣永远不会停止，当你感叹着生活愈发不如意，周围的人愈发难以相处，心情愈发焦躁的时候，那么请向内审视一下自己：你是不是在用一种强硬的姿态去抵抗生命中的逆流？你是不是在忙碌与挣扎中丢掉了以往的心平气和？你是不是总在与人攀比，试图向外寻求一份依靠？你是不是急着去生活、急着去恋爱、急着去成功……

亲爱的，先让自己静下来吧！你对了，世界就对了；心静了，才会生出优雅。

外面越是吵闹，你的内心越要保持安宁。其实，岁月并不贪婪，它只会带走那些停留在表面的东西，像水流带走落叶，也是一种荡涤。你的思想，你的情怀，你的智慧，你的修养，还有那份渗透在骨子里的优雅气质，是永远也不会流逝的。当你把自己静静地开放成一朵百合，散发出清香的时候，哪怕身处幽谷，也能迎来蝶飞凤舞。

稚楠

2016年3月

# 目　录

## 第一章
## 韶华易逝，但请从容优雅地老去



## 第二章
## 以温柔的姿态，对抗世间所有的强硬

## 第三章
## 心平气和，美丽的人生不失控



## 第四章
## 女人一辈子最大的精彩是独立

## 第五章
## 当人生遇到羁绊，勇敢地对生命说“是”



## 第六章
## 别急着爱，把最好的你留给对的人

## 第七章
## 富养自己，你才是最贵的奢侈品



## 第八章
## 在不慌不忙中，营造宁静舒适的生活

# 第一章

## 韶华易逝，但请从容优雅地老去

优雅不是心本身，只是一种心态，但丰富美好的内心能够长出很多花枝，优雅只是其中一枝。当女人的内在有了丰厚的底蕴和内涵，无论身在人生的哪个阶段，都可以如花绽放。

## 每一天都要优雅地走出家门

英国女王在给威尔士王子的信中写道：“穿着显示人的外表，人们在判定人的心态，以及对这个人的观念时，通常都凭他的外表，而且常常这样判断。因为外表是看得见的，而其他则看不见，基于这一点，穿着特别重要……”

一个优雅的女人，从来不会在穿着的问题上马马虎虎，无论她是不是名媛新贵，也无论她正经历着怎样的生活，都会把自己打扮得十分得体，然后优雅地走出家门。这份考究不是靠昂贵奢侈的衣物包装出来的，而是由内到外凸显出的一份人生态度。

莉莎来自法国，已在北京住了10余年。早年，她住在北京的四合院里，院内基本上都没有厕所，所有人都得去附近的公厕，无论冬夏。她住的地方离公厕很远，出了门还要走一段路才能到。当时，附近的许多女性都是穿一双拖鞋，随便披一件衣服就出去了，时常能看到一些蓬头垢面的女人出现在狭小的胡同里。然而，莉莎不一样，任何时候她都要收拾利索了才出去，她说：“我要对得起所有看见我的人的目光。”

真正的优雅，从来都是淡淡的，渗透在生活的点点滴滴中，细微至极。所穿服装不必非是大牌，价格也不必太昂贵，重要的是对待自己、对待生活，不偷懒、不懈怠、不伪装，而是发自内心地用美好的自己去为生活做注释和延伸，给心灵以滋养和丰富。从这一点上来说，优雅也是一种精致的、有爱的、美好的姿态，它与身份、地位和年龄，乃至经济没有必然的关联。

有一篇介绍法国女人如何优雅变老的文章，里面有一段非常精彩的情景描述：“她随着脑海中的旋律，在街道上迈着华尔兹舞步，并不时地朝过往行人微微一笑。每当看到她，我都走到马路另一边，不去阻挡她的脚步。她总是身着得体的旧式衣服——宽松外套、红色短裙和一顶钟形帽，并且配以适宜的妆容，举手投足间尽显优雅。”

看到这番话，浮现在你脑海里的画面，大概也是一个女人努力让自己保持美好的姿态，优雅从容地活着。纵然她穿着的是一件“旧式衣服”，但举止投足间的那份美，俨然已经让人忘记了这一点，丝毫没有寒酸和不体面之感。

还有《花样年华》里的张曼玉，她着一身曼妙的旗袍，略施粉黛，峨眉轻画，轻挽云鬓，迈着轻盈的步伐，在巷口留一串修长的背影，昏黄的街灯下略带伤感的迷离眼神，还有一把古旧的藤椅、一杯清清的茶，这样的场景无数次地重复，仿似一种无尽的优雅，那故事又仿佛没有结局。故事里的人，有点妖娆，有点含蓄，回环往复的是一个优雅的倩影。

以貌取人的观点，向来为人所不齿，但在现实生活中，无论理性或非理性的观点，外人都只能根据你的外在形象来建立对你的初步印象和评价，它就像是一块“敲门砖”。

作为知名“私人衣橱顾问”的沈红，在谈起为何选择服装行业时，如是说道：“在一个人身上，脸只占十分之一，通过十年的化妆品生涯，我已经把女人的脸‘装修’得差不多，但衣服还没有，而衣服是女人的第一张名片。”与此同时，她也说：“时尚与年龄无关，与地位无关，与财富无关，时尚是一种生活态度，一种学习精神，是每个女人的必修课。”

曾在浴池里碰到过一位女性，留着与她的脸形极为相称的沙宣式波波头，脸上没有化妆，但皮肤泛着清澈的亮光。走进浴池后，她脱下外衣，细致地将其折叠起来，而后穿着一身红色的高档内衣走进浴池中，开始了她新一天的工作。

对，她不是什么贵宾级的客户，她只是一个平凡的搓澡工。可是，所有的女顾客都对她印象深刻，大概是从她身上领略到了什么才是真正的精致与优雅。闲暇的时候，她在浴室外的沙发上穿着一件合身、舒适的浴袍，安静地坐在那儿看书，她拿的不是时尚杂志和故事会，而是一本可可·香奈儿的传记。

看到传记的那一刻，不禁令人想到香奈儿小姐的一句名言：“永远要以最得体的打扮出门，因为，也许就在你转弯的墙角，你会遇到今生至爱的人。”或许，我们可以将这番话的内容再度延伸一下：“无论有没有人看到，都不要放过对优雅和美丽的在意，就算是在周末的午后，在阳台上的躺椅上小憩，也要穿上最雅致的便服；就算是在浴池里做搓澡工，也要穿着最贴身、最舒适的精致内衣。”

一朵盛开的花，它不是为了开给别人看，也不是为了和其他的花争奇斗艳，更不是为了谁的甜言蜜语而开，它是生命的一种自然绽放，不早不晚，能开就开，是自然的力量，是内心喜悦的流露，美丽给自己看，芬芳给自己闻，身心舒展给自己体验。

女人的优雅，何尝不是如此呢？不是别人要你优雅，才努力去变优雅；而是知道自己应是一朵倾情盛开的花，坚守着自己的美丽，坚定着盛开的信念，无论生在原野深谷，还是花盆瓦罐；无论周围人潮涌动，还是人迹罕至，都不影响花瓣的怒放，更不能阻挡花朵的芬芳。

所以，无论发生了什么，无论身在什么地方，都要记得保持一份优雅。这份优雅，外在是精致得体的衣装，内在却是一份生命的姿态。恰如一句话所言："优雅不是心本身，只是一种心态，但丰富美好的内心能够长出很多花枝，优雅只是其中一枝。"

## 你的谈吐透露着你的修养

语言是女人裸露的灵魂，是思想的外衣。谈吐优雅的女人，纵然荆钗布裙，也会给人以秀外慧中之感；而口无遮拦的女人，穿着再怎么华贵，也难以掩盖一副肤浅的灵魂。

都市的繁华街头，一位身着名贵衣装的女士走到路口的交通协管员跟前，趾高气扬地问："喂，问一下，从这里到人民广场还有多远？"协管员笑笑，给她指路："直走，桥下过马路就到了。麻烦您下回问路的时候，带上主语……"女士悻悻然离开，虽然什么也没说，脸上却露出难以掩盖的尴尬。

环境优雅的咖啡馆里，一位漂亮的年轻女孩坐在一角，乌黑的长发像瀑布一样散开，白皙的皮肤像剥了壳的鸡蛋，整个人看起来恬静而美丽。然而，就在她开口说话的那一刻，所有的美好都破灭了。她接到男友打来的电话，大概是告知会迟到，女孩破口大骂，全然不顾及场合，更不在意自己的形象。顿时，周围那些对她抱以欣赏的目光，统统变成了鄙夷和不屑。

在听者看来，你说出什么样的话，就代表着你是什么样的人。所有的高雅与粗俗，全藏在开口的一瞬间。你不尊重他人，那么你也不值得被尊重；你习惯爆粗口，也休怪他人对你说话太轻浮。女人只知道化妆打扮是远远不够的，还要懂得如何让自己言谈举止得体优雅，就算是批评和反驳的话，也要学会不急不躁地说出来。

一位年近五旬的知名音乐家，会见了一个20岁的女作曲者。也许是年轻气盛，女作曲者喋喋不休地谈论着自己和自己的乐曲。音乐家一直面带微笑，耐心地听她讲述，只是在谈话结束时，对其说了这样一番话："20岁时，我认为自己是个伟大的作曲家，总是谈'我'；25岁时，我就谈'我和莫扎特'；40岁时，我已经谈'莫扎特和我'了。"

音乐家没有直言女作曲者的狂妄与轻浮，而是用自己的亲身经历和做法，告诫对方不要以自我为中心，这不会让人对你另眼相看，更无法真正地抬高自己。言辞间没有一丝尖锐，但就是这种淡淡的表述，却透出一股令人无法反驳的力量。

说话，绝非微不足道的小事，任何的粗俗、刻薄、狂妄，都会令人对你的人格产生质疑，纵然你是有口无心，纵然是对身边最亲近的人，也难以在恶语出口后获得理解和原谅。

两个女孩子在服装店里挑选衣服，金发的女孩试穿了一件衣服，看起来很漂亮。黑发的女孩在一旁称赞道："这件衣服不错，但还是不如刚才的那件，那件的扣子很特别。"金发女孩听后似乎不太高兴，撇了撇嘴说："那是什么破衣服呀？扣子太难看了，我才不要呢！"黑发女孩被她的这番话堵住了口，心里也是闷闷不乐。

这时，一位优雅的女士走了过去，笑着对金发女孩说："这件衣服的领子很漂亮，衬得你非常高贵，且有气质，如果再配上一条项链，那就更完美了。"金发女孩很开心，觉得终于有人和自己的眼光一致了，并抱怨黑发女孩不懂审美。

见此，黑发女孩嘟囔着说："我也是这样想的，只不过没说出来罢了。"那位优雅的女士转过头，把手搭在黑发女孩的肩膀上，说："其实，你也可以试试那件衣服，它特别能衬托你的好身材。"黑发女孩笑笑，说："是吗？我确实喜欢这件衣服，但不知道适不适合我。"女士点点头，肯定地答道："一定不会让你失望的。当然了，如果你们再稍微护理一下面部的皮肤，就会显得更时尚了。"

接着，两个女孩向这位女士"取经"，而她也痛快地给她们介绍了一些化妆品的功效用途。再然后，她们就成了这位优雅女士的忠实顾客。她们不知道，这位谈吐优雅得体的女士，恰恰是世界化妆品界的知名女企业家——玫琳凯。

美国哈佛大学前校长伊立特说过："在造就一个有教养的人的教育中，有一种训练必不可少。那就是，优美、高雅的谈吐。"一个女人的谈吐能够直接反映出她是有着良好教养还是浅薄无知，是知识渊博还是孤陋寡闻。

想用谈吐征服所有人的心，凸显内在的修养，有几点是必须注意的。

首先，要时刻做一个彬彬有礼的人，把"请""您""谢谢""对不起"这些敬语谨记于心，变成说话的习惯。要知道，一个出言不逊的女人很难得到别人的喜欢。不管什么时候，当对方看到你真诚的目光，听到你温婉的言语时，再不悦的心情都会有所缓和。

其次，要不断提升自己的学识素养，以深厚的文化作为底蕴，如此才不会在跟人交谈的时候，让人感觉缺乏深度或不着边际。平时多读点书，各个领域的知识都要有所涉猎。高雅的谈吐是伪装不出来的，卖弄华丽的辞藻，只会让人觉得浅薄浮夸；咬文嚼字，也会让人觉得酸味十足，贻笑大方。

再次，切不要滔滔不绝地乱说。有句话叫作“水深则流缓，人贵则语迟”，意思是说：水由于深，流动起来就显得缓慢，人由于地位尊贵，说话会仔细斟酌，不会口无遮拦。想用滔滔不绝的声音博人眼球是肤浅的，也无法让自己更受关注。你看那些真正优雅有内涵的女人，总是静若莲花，该说的时候才说，简单明了，绝不会叽叽喳喳。

最后，不说涉及隐私和令人不悦的话。说话有分寸，是善解人意的表现，更是有修养的做法。若是说出的话惹人不高兴，破坏谈话氛围，给人留下不好的印象，还不如不说。所以，跟疾病、死亡有关的事，荒诞离奇、骇人听闻、惊悚污秽的话，切记不要出口，碰到对方敏感甚至反感的话题，及时道歉，转移话题。

说话时还要注意自己的身体姿态。人与人之间都有一个“安全距离”，离得太远或太近都有失礼貌，一定要避免由此产生的误会。另外，说话时的举止投足都能显示出一个女人的涵养与风度，千万不要因为晃动胳膊、抖动腿这样的小动作，让人觉得你不够自信，或是很轻浮，那就得不偿失了。

随时注意自己的言行举止，开口温润有礼，保持应有的涵养和温文尔雅的气质，把锐利的谩骂、叫嚣、狠话统统过滤掉，让说出的每一句话都含蓄温婉。这样的女人，无论走到哪儿都会为人所尊重和欣赏。

## 内在的美好会感染人的灵魂

林清玄在《生命的化妆》里说过："三流的化妆是脸上的化妆，二流的化妆是精神的化妆，一流的化妆是生命的化妆。"对此，他是这样解释的："化妆只是最末的一个枝节，它能改变的事实很少。深一层的化妆是改变体质，让一个人改变生活方式。睡眠充足，注意运动与营养，这样她的皮肤改善、精神充足，比化妆有效得多。再深一层的化妆是改变气质，多读书，多欣赏艺术，多思考，对生活乐观，对生命有信心，心地善良，关怀别人，自爱而有尊严，这样的人就是不化妆也丑不到哪里去，脸上的化妆只是化妆最后的一件小事。"

任何外表的美丽，如果没有内在的气质加以修饰，终究都是不完美的。尘世间有诸多面容姣好的女子，却都只是"第一眼美女"，随着了解的深入，她们的美开始了递减效应。倒不是审美疲劳作怪，而是这份美就像一块糖纸，不过是看起来漂亮，却少了点味道，显得有些单薄和寡淡。

年轻俊朗的他在一次联谊会上认识了女孩YOYO。当时，YOYO

作为客户代表在会上倾情演唱了一首歌，她的嗓音很好听，且模样端庄，一下子吸引了在场所有人的目光。酒会上，他邀请YOYO跳了一支舞，两人相谈甚欢，彼此间都有了好感。

3个月后，YOYO成了他的女朋友。男才女貌的两人无论走到什么地方，都是一道养眼的风景。很多人都说，他们实在太般配了，可惜这种幸福并未在旁人艳羡的目光中持续下去。恋爱和婚姻，真的就像鞋，外人看的永远是款式、风格、价格，至于穿在脚上是什么感觉，能走多远的路，只有当事人自己清楚。

他原以为，YOYO应当是初见时自己所预想的样子，有美貌，有才学，有思想，有深度，可在近半年的恋爱过程中，他却发现真实的YOYO并不是如此。他崇尚自由、独立的人生，而YOYO却习惯依赖，凡事都奉行“拿来主义”；他在闲暇时喜欢听音乐剧、品茶读书，YOYO却觉得那是无聊透顶之事，除了逛街就是网购，再无其他有益的爱好；他想跟YOYO谈一些文学作品，以及社会时事，YOYO却心不在焉，不是提不起兴致，就是露出一副茫然的表情。两人的三观、兴趣爱好相差甚远。

后来的事不言而喻，他和YOYO分道扬镳，并最终邂逅了一位人生伴侣。有朋友私下讲，他的妻论样貌不如YOYO，他笑了笑，说了一番意味深长的话：“我在家的时候，经常听到我妈教育我姐，说天生的容貌没什么可骄傲的，你再年轻、再漂亮，总会有人比你更年轻、更漂亮，不能把它看得太重。女人是很容易老的，那时你就什么都没有了。要做一个有内涵的人，那才是一生的资本。现在想来，我妈真的是一位睿智的女性。”

人生的路很长，岁月总在无情地逝去，美丽的面孔、飞扬的青春，终有一天会随着指尖的缝隙在时光中褪色。苍老是每个女人必经的过程，待到青丝变成白发，当年胸无点墨的花瓶女人，还有什么资本来散发出耀眼的光芒？

女人最持久的魅力，不是用口红增添的绚丽，也不是用项链耳环装饰的高贵，更不是靠名牌时装炫耀出的不凡，任何外表的美都会随时间流逝，而内在的东西却是不可淹没的，外在的美只能感染人的眼睛，而内在的美却可以感染人的灵魂。

说起林徽因，你一定会脱口而出一句话——你是那人间的四月天。

她的美，不庸俗、不妖艳，是一种大方、高贵、典雅的气质，是内在的修养与才华散发出来的光芒。文洁若说，她是天生丽质，超人的才智与后天高深的教育相得益彰；冰心说，她很美丽，且有才气；胡适先生说，她是中国的一代才女。毋庸置疑，她是一个让同性和异性都为之动容的女子，有着深邃而灵动的内涵。

女人若只是面容姣好、身材迷人，而胸无点墨、言语粗陋，她的美只能给感官留下短暂的惊鸿一瞥，终究会输给岁月，毕竟人生不可能只如初见。内在丰盈的女人却不一样，那是后天的磨砺和岁月的积淀。她像一本内容丰富的书，不会因为时光流逝而被人遗忘，而是令人回味无穷；她也像泡在紫砂壶里的香茗，融入紫砂的茶杯里，色泽清淡，需要慢慢地品味才能感受到怡人的芳香。

有一部温馨的美国影片叫作《怦然心动》，男孩布莱斯最初很讨厌朱莉的友好，总想摆脱她的纠缠，觉得她不如金发的雪莉漂亮，性

格也不够温柔，总是做一些稀奇古怪的事。然而，历经世事的外公却很喜欢朱莉，并告诉布莱斯："有些人浅薄，金玉其外败絮其中，但总有一天，你会遇到一个如彩虹般绚丽的人，她让你觉得以前遇过的所有都是浮云。"

当朱莉被布莱斯所伤，逐渐淡出他的视线，不再理会他时，布莱斯才发现朱莉那份与众不同的美好：她热爱生活，个性独立，相信美好的事物……他恍然意识到，朱莉的美不在外表，而在一颗玲珑剔透、柔软善良的心。

若说外表美是一朵芳香的玫瑰，内在美就是孕育玫瑰的扎根在土壤深处的根系，少了她，花儿便不能绽放。一个女人可以不够漂亮，可以没有奢华的衣装，但只要有丰厚的内涵，她便不会太失色。因为，内涵会赋予美丽灵魂，会让美丽得到质的升华，会得到另一种欣赏与赞叹的目光。更重要的是，相比浓妆艳抹来说，这份气韵的沉香不会因时光而褪色。

## 努力保持一份内心的高贵

庸俗还是高贵，浅薄还是深邃，向来不能只看外表，而要看内心。

在浮夸虚表的世界里，做一个漂亮的女人不难，做一个精明的女人也不难，唯独要做一个内心高贵、灵魂圣洁的女人不易。真正的高贵，源自灵魂深处的自信与高尚，是内心潜存的精神意念，呈现在生活中才是举止投足间的优雅从容。

一位女作者曾撰写过一篇有关高贵的故事，字里行间充满了温情和哲思。

每次提到高贵的女人，我第一个想到的人，就是朋友C小姐。我和她初次见面，是在她先生的临海别墅，那栋房子四周都是草地，不远处就是蔚蓝的大海。我和C小姐坐在二楼的阳台上，沐浴着阳光，品尝着咖啡，畅聊着生活与梦想。

说到一个颇有感触的话题时，C小姐突然说她想谈一首曲子。

在清脆悠扬的钢琴声中，我留意到，C小姐有一双漂亮的手，纤纤如葱，白皙柔软，肤质如若凝脂，左边的无名指上戴着一枚冰雕式的红宝石戒指。那时的她，刚刚与一位年轻有为的华裔富商结婚。

C小姐衣食无忧，平日喜欢读书、弹琴、煮咖啡、做西点，几乎一切有情调的东西都能够吸引她。不过，这种舒适的日子在C小姐看来并没有什么特别，因为她的婚姻不是“灰姑娘与王子”的童话，她自己原本也出身门名，自小过着富足华美的生活。她的骨子里，有一种与生俱来的贵气，不做作，不刻意。

看到这里，肯定有人会说，这样的高贵还不是殷实的家庭、丰厚的物质给予的吗？或许，良好的家境也起到了一定的作用，但这不是重点。因为，C小姐后来历经了一场巨大的人生风波：丈夫的生意因经济形势的影响严重受创，外出洽谈时，父母和丈夫又因车祸意外离世。一夜之间，繁华落尽，如梦初醒，满是悲情。那一年，C小姐只有33岁。

C小姐跟两个孩子相依为命，用柔软的双肩撑起了一个支离破碎的家。她给人做过钢琴教师，也做过美食编辑，还做过兼职撰稿人。在奔波劳碌的日子里，她没有任何怨言，平静而坦然地接受着生活给予她的一切，还有外界的流言蜚语、讥笑嘲讽，以及幸灾乐祸的目光。

每天晚上，她都会给孩子们辅导功课，并给他们讲一些有关人生和品行的故事，还会讲到他们的父亲。日往月来，一年又一年，转眼两个孩子即将步入大学的校门。

那天在C小姐的家里，我们一起喝下午茶。昔日的临海别墅不见了，取而代之的是一栋普通的房子，里面的陈设简单却不粗俗。木质的圆桌擦得光亮照人，上面放着她亲手做的蛋糕和沙拉。她依然像从前那样，喜欢在蛋糕里放各式各样的东西，核桃、葡萄干、瓜子；水果也切得细细薄薄，整整齐齐，摆出漂亮的图案。用叉子吃东西时，她的样子还是那么优雅轻灵，与当年那个矜持华美的她，没有任何分别。

我凝视着C小姐，她是那么漂亮，水汪汪的眼睛，长长的睫毛，白皙的皮肤。只是，那些沧桑和坎坷，全部落在了那双纤纤玉手上，它跟着C小姐一起完成人生的蜕变，变得充满力量，温柔中不失刚强。

我轻轻地问："这些年挺难的吧？我听说，有个人一直待你不错，没有考虑过吗？"

C小姐说："他是我丈夫的旧相识，对我和孩子都不错。特别辛苦的时候，我也想过，能依靠一下他，帮我分担肩上的担子。可我不能那么做，我不爱他……"她笑着，温婉宁静，安然自若，米色的毛衣将她衬托得格外娴静和大气，散发着一种高贵的气息。

什么是高贵？我想这就是了——干净、优雅、有尊严地活着，不为眼前的诱惑而放弃原则，不为渴望温暖的贪念而亵渎爱情，不为生活的重创而灰心沮丧。贫与富不是对等的，那些灵魂高贵的女人不一定富足，因为高贵永远无法用金钱买到。

看到这篇故事时，我第一时间想到的就是陈丹燕的小说《上海的金枝玉叶》，书中的女主人公是上海著名的永安公司郭氏家族的四小姐郭婉莹，曾经锦衣玉食，应有尽有。她接受过新时代的高等教育，嫁给了一个两情相悦的人。但是命运并未永远地垂青于她，她经历了丈夫的背叛、家族的没落，从前的荣华富贵全部随风而逝，在精神上还要忍受外界的羞辱打骂。然而，30多年的磨难并没有让她心怀怨恨，她依然美丽优雅地保持着自尊和骄傲。

当她被迫接受劳改去砸石头时，她淡淡地说，这样有利于保持身材；当经历了种种磨难和不幸后，她乐观地说，这就像一个核桃，只有敲碎它坚硬的外壳，发出痛苦而清脆的声音，才会散发出内在的清香。命运改变了她的生活，却从来不曾改变她身上那高贵的品质，那才是真正的贵族精神。

相比C小姐和郭婉莹，你一定也遇见过这样的女人：她们外表高贵，穿着名贵的大衣，盘着漂亮的发髻，带着足够耀眼的装饰品，出入各种高档的场所，身姿挺拔，下巴抬得高高的，目不斜视，一副贵妇人的形象。可是，近距离与之接触和沟通后，才发现她们的内心是空虚的，灵魂的浅薄无法与外表相匹配，她们的高贵原来只在外表，实则是精神上的可怜虫。

李嘉诚在接受央视专访时，曾经说过这样一番话："富贵两个字，不是连在一起的。这句话可能得罪了人，但其实有不少人富而不贵。"是的，一个真正的贵族，不是拥有多少财产，也不是几代人形成的生活方式，而是拥有美好的品格，拥有一个富足的内心世界。

在漫长的人生之旅中，保持一颗高贵的心吧！把自己活成一粒种子，无论身在何处，都不因命运的践踏而凋零，让自己慢慢地发芽、开花、结果，扬起骄傲的头，美丽着、绽放着。

## 要活出优雅，必得活得精致

一位优雅知性的女主持人，回想起自己当年在异国他乡留学时的日子，满心感慨。

毕业那年，她四处奔波找工作，却一直没有收获。她心里很清楚，如果继续那样下去的话，除了回国，别无选择。她不知道问题究竟出在哪儿。直到一次面试遭拒时，女面试官用鄙视的语气告诉她：你的形象与简历不符！这让她顿感窝火，发誓自己有足够的能力让面试官对她改观。可惜，对方没有给她展示能力的机会。

面试回来后，她满心沮丧。洗过头发后，她坐在床上一边看招聘启事，一边吃面包。莉娜看到后，径直走过去，从她手中夺下面包和报纸，说她没素质，要她离开。一气之下，她披散着头发、穿着睡衣，拎起一件外套就跑了出去。

房东莉娜是一个苛刻而考究的法国女人，她在家里给女租客列出了N条要求，如不允许12点之前还亮着灯，不允许洗浴时间超过10分钟，不允许穿戴不整齐就进入客厅，不允许用整洁的厨房做中餐，不允许家里有客人造访时不擦口红。

在她看来，房东莉娜真的很讨厌，她的要求也是无厘头的。可奇怪的是，周围的人却跟莉娜相处得不错，还说她是一位很好的房东。莉娜的指责，让她的自尊心受到了伤害。这些年，从来没有谁说过她没素质，她优秀的成绩和出色的能力一直让她被视为佼佼者。她的家境不错，但父母从未娇惯过她，反倒一直提醒她能力最重要。她想不明白，为什么这里的人非要“以貌取人”？

外面的天气很冷，饥肠辘辘的她出门就进了一家咖啡馆。咖啡馆里的人很多，服务生把她引到一个空位上，用一种奇怪的眼神打量着她。空位的对面坐着一位法国女士，她穿着考究，看起来十分尊贵。那一瞬间，她有点不好意思，她的睡衣、运动鞋在对方的套装、丝袜、高跟鞋面前，就像是一个卑微的小丑。她甚至在想，如果不是因为自己披了一件价值不菲的外衣，或许这家高级咖啡厅会将自己拒之门外。

她点了一杯咖啡，侍者离开后，那位法国女士什么也没说，而是写了一张字条给她，上面赫然写道：“洗手间在你的右后方。”她看着那位优雅地喝着咖啡的女士，对方很淡定，似乎什么也没发生。她尴尬至极，想起了房东莉娜对自己的指责，突然觉得对方没什么错。

对镜独照，望着那身皱巴巴的睡衣，被风吹乱的头发，还有嘴边沾着的面包屑，她平生第一次看不起自己。她觉得，这样的装扮完全就是喻示着，她不尊重自己，也不尊重他人。想起自己面试时穿的休闲装，她意识到那是对一家知名企业和那位女面试官的不尊重。

简单地整理了一下后，她重新回到刚刚的座位上。此时，那位法国女士已经离开，但她留下了一张便条：“身为女人，你要精致地活着，这是女人的尊严。”

她迅速地逃离了那家咖啡馆，不想让更多的人看到狼狈邋遢的自己。到家后，她才发现莉娜一直在客厅里等她。刚一见到她，莉娜就说她回来晚了，要她明天打扫房间。她向莉娜道歉，同意了莉娜的要求。不过，此时的她已经对莉娜有了改观，她对莉娜制定的“N条要求”有了全新的理解，比如早点休息可以拥有更好的精神状态，优雅的穿着可以让人更自信，并赢得他人的尊重。

后来，她如愿以偿地进入了一家电视台做助理。她得体的装扮和良好的精神状态给人留下了深刻的印象。精干的女上司对她说：“你很优秀，我们欢迎你的加入。”更让她感到惊奇的是，这位女上司竟然就是上次在咖啡馆里遇到的那位女士，此人是业界非常有名的编导，庆幸的是对方并未认出她。

她对上司说了一声谢谢，这不是礼貌而客套的回应，而是发自内心的感激。正是这位优雅的女士，教给了她宝贵的一课：身为女人，要精致地活着！因为没有人有义务透过连你自己都毫不在意的邋遢外表去发现你优秀的内在，活得精致是女人的尊严。这个道理，直至多年后的现在，她依然铭记于心。

奥黛丽·赫本在给女儿的遗言中写道：“若要有优美的嘴唇，要讲亲切的话；若要有可爱的眼睛，要看到别人的好处；若要有苗条的身材，要把食物分给饥饿的人；若要有美丽的头发，让小孩子一天抚摸一次你的头发；若要有优美的姿态，要记住走路时行人不止你一个。”

女人可以长得不漂亮，但一定要活得精致，做人群中的焦点，却不哗众取宠；是风情万种，却没有矫揉造作。把一杯红酒喝出情调，把一件衣服穿出品位，把自爱当成被爱的基础。对所有女人来说，精致是一种精神，是一种品位，是一份永不褪色的格调。

## 抗争着不做一个俗气的女人

某杂志的编辑曾策划过一个相亲栏目。在广告宣传的作用下，有不少单身人士报名寻找真爱，其中有一位女士给编辑们留下了深刻的印象。

走进杂志社时，这位女士惊艳了所有人的眼球。她穿着棉柔的中式服装，身材有些微胖，但看起来不失轮廓，五官也很清秀。她挽着头发，整个人看起来温婉大气。这位女士是北京人，家庭条件很好，自己有两套住房。编辑们都觉得，她是同批征婚女性中最具竞争力的，以她的条件，很容易找到最佳先生。

此时，有位编辑想到了一位非常儒雅的成功男士，就想介绍给她。谁知，这位女士一开口就让编辑们瞠目结舌。她听说对方有自己的事业，迫不及待地问："你告诉我，他开什么车？"

编辑想了想，支支吾吾地说："好像是雷诺吧？记得不太清楚了。"

女士瞪着眼睛说："那你能告诉我是什么样子的车标吗？知

道他开什么车，我就能猜出他的身价。”说这话时，女士一脸的得意。

编辑在心里笑了，因为那位男士有言在先，但凡上来就打听身价的女性，一概免谈。他想找的人生伴侣，是一个不把钱看得太重的人。最终，这位女性错失了和最佳先生的交往机会，论外貌她算得上优雅，可论内涵她却矮了那么一截。

每个人的心底都藏着一个贪婪的孩子。聪明优雅的女人，会通过自己的努力满足他、控制他，愚蠢的女人则会像笨拙的母亲一样溺爱他，直至无法收场。追求财富与成功，想过殷实安稳的生活，本不是什么错，但若把金钱看得太重，唯利是图，内心就会充满戾气。倘若再把财富梦寄托在另一半的身上，把婚恋当成一种交易，就更显得庸俗不堪了。

我曾在网上看过一篇阐述“优雅与金钱无关”的文章，大致是讲，作者因工作忙无暇做家务，时常会请一些钟点工。这些钟点工来自不同的区域，其中有一位阿姨给她留下了非常深刻的印象。

初见阿姨时的情景是这样的：一位中年女士，五官端正，高雅的气质由内而外地散发着。她穿着一身纯白套装，一尘不染，背着一个较大的包，脸部化着淡淡的妆，从容的微笑挂在脸上。作者平日里也是见过了不少优雅女性的，但对于这位阿姨的亮相，依旧是为之一震。若不是阿姨开口说明自己是钟点工，作者还以为是哪家的亲戚走错了门。

阿姨做事有条不紊，若不是受过严格的训练，想必难有如此出色的服务。进门后，她拿出自带的鞋套套上双脚，又穿上自带的外套。

干活的时候，她忙而不乱，一丝不苟。早年，作者的办公地在上海闹市区的一家四星级饭店，她对酒店服务的基本知识和操作流程非常熟。看到阿姨3个小时内一刻不停地规范劳作，她打心眼里佩服。中途，她让阿姨休息会儿，阿姨婉言谢绝了，渴了就拿出自己准备的茶水喝几口。她礼貌自尊的用语、温婉的做派，着实惹得人萌生几分怜惜。

干完活后，阿姨脱去外套，侧身拿出化妆包，修补了一下妆容。一系列不经意的举动，渗透着高贵与修养。敏感的直觉告诉作者，这一定是个有故事的人。果然，在后来的几次接触中，作者对阿姨有了更深的了解，也应验了她的猜测。

阿姨的祖上是老上海的富商，有过富足而难忘的童年。后来，因家境败落，她搬到了乡下。成年后，她公派出国，回来后在上海某知名酒店工作。正当事业蒸蒸日上时，丈夫下岗了，且罹患重病，生活难以自理。不愿看他人脸色做事的阿姨，果断选择了辞职，一心服侍丈夫。为了给丈夫治病，他们花光了家里所有的积蓄，为了兼顾病人和生活，她只好做性质相对灵活的钟点工。

月底结账时，作者给了阿姨双倍的工钱。毕竟，这是她遇到的钟点工里最出色的一个，就算是出双倍的工钱，她都觉得亏欠了阿姨。不过，阿姨没有收，她把多余的钱全部退还。作者没有再坚持，她知道这种品质的人是不能勉强的。

看着眼前的阿姨，作者不禁想起了二战时的一篇报道。纳粹战败后，一位德国高级将领的夫人和孩子被关押在一个阴暗潮湿的地下室，每人每天只有一个面包和一杯水。关押前允许他们每人从家里带走一件东西，这位夫人选择了桌上的一枝红玫瑰，并用仅有的一杯水滋养它。在德意志，红玫瑰不只代表爱情，还代表希望。

钱是生活的保障，但不是生活的全部，也不是衡量世间所有事物的唯一标杆。

一位父亲曾告诫自己的女儿说：“无论贫困还是富贵，都要优雅地活着。”在最艰难的日子，他也不忘周末带着女儿去公园散步，并指着不远处的一对富家父子说：“那是一家公司的老总和孩子，我们过得丝毫不比他们差。”

多年后，女儿长大成人。她不追求奢华的生活，但生活是绝对的高品质；她只是普通的工薪族，却从不觉得自己比别人低贱；她极少有大牌的服装，但打扮得优雅脱俗；她从不在意外界的评价，而更关注自己是否真的开心。

想要优雅到老，有一颗宠辱不惊的心，就别把钱看得太重，更不要掉进贪婪的陷阱。活在世上，要懂得量力而行，适可而止。要热爱事业，但不要太功利；可追求富足，只是别沾染铜臭的气息。试着把求索和赚钱的过程当成一种享受吧，这般“爱钱”的方式，不失优雅。

## 有底蕴的美，经得住辗转流年

红颜弹指老，霎那芳华尽，岁月似乎一直是女人最抵触的天敌。美眷如花的容颜，歌舞飞扬的青春，都会在生命沉浮、花开花谢的洗礼中，渐渐地流逝，任你有怎样的身份、地位，也无法避开时间的冲刷和年华的老去。

然而，也有一些女人，她们纵然不再年轻了，却更有味道和魅力。

法国著名女作家玛格丽特·杜拉斯在她的小说《情人》中如是写道："在一个公共场所的过厅里，一位男子向我走来。他先自我介绍，然后对我说：'我认识您。大家都说您年轻时很漂亮，我是来告诉您，对我而言，我觉得您现在比年轻时更漂亮。'"

这本带有自传性质的小说，把杜拉斯身上那种年龄无法隔断的美，展现得淋漓尽致。纵然满脸皱纹，纵然步履蹒跚，却抵挡不住那份动人心魄的魅力。优雅地老去，是褪去身上的青涩后，在尘封的岁月里酝酿出的沉香。

塔莎奶奶，一个在日本家喻户晓的名字。她的生活被拍成了纪录片，在美国和日本一度掀起了收视高潮，让人们看到了一个优雅灵活、慢慢老去的森女。她用作画的版税，在美国佛蒙特山丘上建造了一个农庄，她住在木屋里，制作手工、绘画，和小动物们做伴。她头发花白，但是看到她娴静地在门前的桌子上作画的样子，看到她亲手编织花环、制作美食、缝制衣裳时，却没有人会质疑她的美丽与优雅。

奥黛丽·赫本有着天使般的面孔，优雅脱俗的气质，曼妙轻盈的体态，清澈纯净的眼神……让人过目不忘。在一部部精彩的影片中，她每一个优雅的动作都映在世人眼里，刻在内心深处。奥黛丽·赫本去世时，全世界的人都陷入巨大的悲痛之中，以不同方式来送别这位人间天使。她完整地走完自己的人生路，可那一袭充满爱、充满纯真和自然的优雅身影，却永远在人们的心头，挥之不去。

曾有人问过靳羽西："女人的美丽和所谓残酷的时间是什么关系？"靳羽西回答说："优雅与年龄无关，漂亮的女人是不可以有皱纹的，但优雅的女人不同，即使有皱纹，她依然美丽，而且是那种内外兼具的美。我对年龄没有特别的感觉，就像撒切尔夫人和希拉里，她们并不年轻了，但看起来非常美丽。"

我们说了很多知名的优雅女性，但优雅并不是某一类女人的专利，而是一种从容淡定温的姿态。只要愿意，每个人都可以拥有。我的一位朋友，在说起自己的母亲时，满心是仰慕和欣赏，因为，她的母亲就是一个平凡却不俗的女性。

"母亲年轻时很漂亮，梳着两条粗粗的麻花辫，腰身纤细。可如

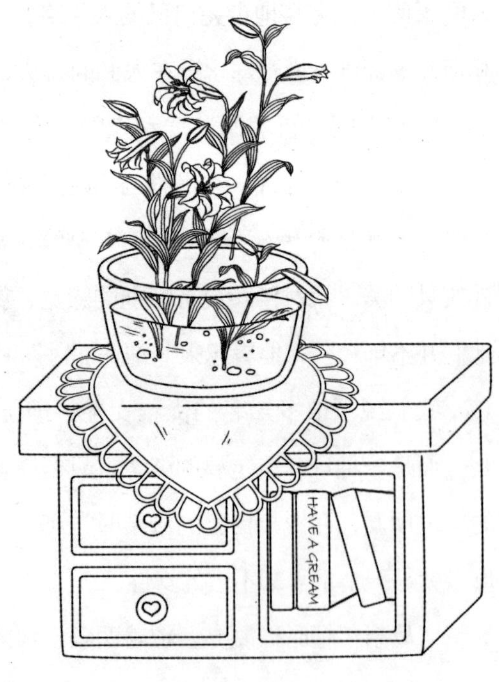
HAVE A GREAM

今已经年近六旬的她，似乎比从前更有魅力了。她着装得体，亲切温婉，走路轻快，依然保持着年轻时的风采。从背影上看，很难猜到这是一位年近六旬的老人。岁月没有褪去她的美丽，反倒让她多了几许平静、端庄和优雅。

“一个女人的优雅，往往都是从知书达理的生活细节里透出来的。很小的时候，母亲就告诉我，在公众场合不要大声喧哗，要等别人把话说完再插嘴，用筷子夹东西的时候不要翻来翻去……事实证明，这些东西在后来让我受益匪浅。母亲还说，一定要善待别人，更要懂得宽容。她有一位女友，家庭条件各方面都不如母亲，有时话里会带刺儿，听起来很不舒服。但母亲从来都不计较，只是一笑了之。

“母亲很时尚，且愿意学习，前些年学会了上网、发邮件、聊天、查资料，还参加了社区里的老年舞蹈队，并给自己买了一架钢琴。每次我和丈夫回父母家，看到母亲安稳、闲适的样子，还有阳台上那些绿色的植物，心里都觉得很宁静。”

曾几何时，我们对于“老去”的印象，往往就是鸡皮鹤发、行动不便，尤其是对于女人来说，更觉是美丽的终结点。我们都忽略了，这世界上还有一种美丽，是把所有的岁月、所有的经历和智慧，逐渐沉淀成一种有底蕴的优雅，它不畏时间的洗礼，不畏年华的逝去，反而像酒一样，越陈越香。

那么，对女人来说，如何才能拥有一份富含底蕴的美？

若用某种特殊的情境，或者是某种特殊的动作来诠释，未免太过简单和肤浅了。有底蕴的美，是一种无以言说的优雅气质，是骨子里散发出的品位和修养，是举手投足间透露出的曼妙气息。可以没有惊艳的容貌，却永远有着清新淡雅的妆容；可以没有模特般的形体，却一定会保持匀称的体型；可以没有优越的家境，却永远有着咸淡适宜的处世态度。

从现在开始，选择适合你的衣服、适合你的发型，不靠丰厚的物质与金钱去堆砌美丽，在不同的场合穿合适的衣服，说合适的话，彰显独特而精致的美。时刻以一颗温润的心去对待生活、对待自己，懂得自觉地完善自己。

生命是一个过程，就如四季轮回，每个季节都有其独特的美。当女人的内在有了丰厚的底蕴和内涵，那么无论身在人生的哪个阶段，都可以如花一般绽放。

## 请扬起你自信的头颅吧

“想要成为公主，你得相信自己就是一个公主。你应该像你所想象中的公主那般为人处世。你得高瞻远瞩，从容不迫，笑对人生。”每当有年轻的女孩让我推荐影片的时候，我都会想到《公主日记》，理由就是这句经典的台词。

安妮·海瑟薇饰演的米娅，是纽约城里一个普通女孩儿，跟单亲妈妈相依为命地过日子。她梳着一头乱蓬蓬的长发，鼻子上架着一副黑色粗框的近视镜，书呆子气十足。在学校里，米娅就像是一个“透明人”，俊男美女们从来没有注意过她的存在。

直到有一天，米娅从未谋面的奶奶突然闯入了她的生活，告诉她一个惊天的秘密：原来，米娅竟然是一个欧洲小国（虚构）的公主！她的父亲在大学里与母亲有过一段恋情和短暂的婚姻，但奶奶从来都不肯承认这一事实。如今，米娅的父亲意外身亡，她就成了唯一的嫡传，如果她不继位的话，皇位就会落到远亲手里。

自卑而内向的米娅，全身没有一点皇家气质，行为举止粗俗无礼，怎么看都不像是一个优雅的公主。要她做未来的女王，简直不敢想象。为了让她与公主的头衔名副其实，让王国里的人对她俯首称臣，皇后奶奶和艺术家妈妈以及米娅三人商议后决定：让皇后奶奶对米娅进行几个月的皇家训练。

在设计师的帮助下，米娅的卷毛头被拉成了顺直的秀发，一双明亮的眼睛不再受到宽边眼镜的遮挡，惯常的弯腰驼背也在奶奶的奚落下变得挺拔。高贵的站相和坐相，以及美丽的外表，确实给人一种脱胎换骨的惊喜感，至少看起来米娅已经有了公主的模子。

外表关过了，内心的坎儿却还在。自卑的米娅内心很害怕，她不敢面对自己真实的身份，更恐惧那一份不知能否担负得起的重任，她无数次在心里暗想：我能成为一个合格的女王吗？我能够做到吗？

就在这个时候，一封信给了米娅新生的力量。那是她父亲留下的一本日记和信件，素未谋面的父亲告诉她："勇者并非无所畏惧，而是判断出还有比恐惧更重要的东西；愚者不可取，故步自封则一点机会都没有。"

米娅不再恐惧，而是重新认识自己，坚定了去迎接未知生活的决心，决定接受公主的头衔。至此，一个普通的、自卑的平凡女孩，真正蜕变成了优雅高贵的公主。她的改变，不仅仅是外形和身份，更重要的是从心里甩掉了所有的自卑，相信自己就是一个公主。

喜欢这部电影，是因为每个女孩子心里大抵都有过一个公主梦，那个公主端庄优雅、甜美可人，深受尊宠。《公主日记》恰恰演绎了真人版的童话，也告诉所有像米娅一样平凡的女孩子，这个世界上不存在天生优雅动人的"公主"，在出生的那个共同起点上时，所有人都是一样的。当你意识到自我的存在，当你内心充满自信，认识到自己的美好，且还可以变得更好时，你也有资本成为一位优雅动人的公主。

作家古龙曾经说过："自信是女人最好的装饰品，一个没有信心、没有希望的女人，就算她长得不难看，也绝不会有那令人心动的吸引力。"缺乏自信的女人是没有底气的，就算戴上价值连城的首饰，穿着精良的时装，也无法装扮出淡定优雅的气质。内心对自己充满了肯定与欣赏的女人，就算没有倾国倾城的容貌，依然能够凭借那一份外露的神态和言行中的笃定，让人为之赞叹。

有一个女演员，模样很漂亮，演技也很棒，但人们就是觉得她缺少点儿魅力。无奈之下，她向美国第一心灵励志大师皮克・菲尔寻求帮助。在跟女演员进行了一番彻谈后，皮尔・菲尔发现了她的症结所在——不够自信，蔑视自己的能力。

女演员经过训练后，认识到自己之所以缺乏魅力，是对自身的演技不够自信，脑海里没有什么具体的状态，思维木讷，不活跃。后来，她开始尝试肯定自己各方面的演技，如"你是一个实力派的演员""你演得非常好"……渐渐地，她变得光彩夺目、熠熠动人，几乎每个跟她搭档的演员都为她的演技和魅力所折服，越来越多的观众为她的演绎所打动。

如果连你都不相信自己，那你怎么要求别人相信你？如果你连自己都不喜欢，那又如何要求别人喜欢你呢？优雅的女人不总是完美的，但一定是自信的，她们不会排斥自己的不完美，也不会抱怨自己的脸蛋不够漂亮、身材不够好、赚钱不够多、社会地位不够突出。她们能够坦然地接纳自己的一切，并坚信自己有独特的美丽与实力。

自信的女人是最美的，你可以看到她明亮的眼神、自信的妩媚、从容不迫的谈笑、渗透骨子的优雅。一个女人，可以长得不够出众，也可以没有高贵的地位，甚至是生活得不富裕，但她唯独不能失去的就是对自我的肯定与欣赏。

要建立自信，就应当从相信自己、赏识自己做起。试着每天起床时提醒自己“你本来就很美”；临出门前，换上一套得体的衣服，扎上一个适合自己的发型，涂上一点淡淡的眼影和润泽的唇彩，再对着镜子微微笑……无论你的外貌是否平凡，你都能够呈现出流光溢彩的美丽，这样的你走在路上，就是一道美丽的风景。在路途中，也不要忘记对每一个擦肩而过的人微笑，你发自内心的微笑会为你的美丽加分！

当你以自信的姿态呈现在生活中时，你会发现自己活得比从前快乐了，不会再把所有的心思都放在自身的不足上，而是会把自己最美好的一面展示出来。更重要的是，当你成为一个成熟自信的女人时，一切美好的事物都会随之降临，无论事业还是爱情。

# 第二章

## 以温柔的姿态，对抗世间所有的强硬

真正的强大与淡定，不是摆出一副咄咄逼人的架势，而是时刻保持温润如玉的样子。这样的不动声色看似简单，实则需要丰富的内涵，那是骨子里散发出的胸有成竹。

## 最高贵的报复是宽容

有一个人在23岁时遭人陷害，身陷囹圄困顿9年，后来案情重审，冤情告破，他终于从监狱里获释，重返自由，于是决定去找陷害他的那个人报仇。可是，就在他出狱的那一天，诬陷他的人却在享尽年华后，寿终正寝。从此之后的日子里，他对这份仇恨耿耿于怀。

数十年间，每逢遭遇苦难，他就旧恨复发，内心里充斥着控诉与咒骂："我的仇敌啊，你在我最灿烂的年华诬陷我，让我不明不白蒙受多年牢狱之灾，让我失去最最珍贵的自由，害得我在那个阴暗潮湿的监狱里受苦受难，冬天寒冷难忍，夏天蚊虫叮咬，9年的时间里，我很少见到阳光，终日阴郁难耐。是可忍孰不可忍！可是，为什么上天不惩罚那个陷害我的家伙？为何不让他死于非命？即使将他千刀万剐，也难解我心头之恨啊！"

72岁那年，他在贫困与病痛的折磨里，命数将近，卧床不起。就在他弥留之际，家里请来寺里的和尚为他超度，并简要述说了他一生的经历，和尚来到他的床边："施主，但可目空一切，忘掉世间的万象纷扰，抛却尘俗的百般纷争，随我佛西去极乐吧……”和尚话音未落，奄奄一息的他忽然回光返照，并声嘶力竭地叫喊起来：“我恨，我恨啊，我要诅咒，诅咒那个施予我不幸命运的可恶之人！”

和尚一惊，问道：“你受人陷害，监狱困了你多少年？”

他气愤地答道：“9年，人生最最美好的9年啊！”

和尚长叹一声：“我佛慈悲，为不让我早点开释他？”然后对他说：“对于9年的牢狱之灾，我深感同情和难过，但是施主啊，他人陷害使你被囚禁了9年，而当你走出牢狱，重获自由，你却用仇恨、抱怨、诅咒囚禁了自己整整40年！”

人的心情就像一个钱包，情绪累积得多了，钱包就合不上了，再往里面放的话，要么钱包撕裂，要么情绪外泄。如果这个钱包里装的全是仇恨呢？那么仇恨自然也会外泄。仇恨的外泄，带给他人的或许是报复，带给自己的有可能就是毁灭。退一步说，纵然你能克制仇恨外泄，那么谁来替你受那份仇恨盈胸的煎熬与折磨呢？

从尘世走过，遭遇仇恨是难免的，没有爱恨不成世俗，没有好恶不成凡人。每个女人都是世俗的凡人，难免会有情绪失控和钻牛角尖的时候，为此就要学会克制，学会消解，不让旧恨旧恶膨胀到伤人害己的地步。

西德尼·史密斯说过：“生活中有许多这样的场合，你打算用愤恨去实现的目标，有可能由宽恕去实现。”以德报怨，无疑是高尚的行为，这需要很高的修为。如果要每一个平凡的女子都做到这样，未免有点不太实际，但若在遇到不爽快的事情时，能放下“以其人之道还治其人之身”的报复心，也算得上是优雅和宽容了。

莉莎在维也纳做过很多年的教师，二战的爆发让世界变得混乱，她只好逃亡到瑞典。当时的她身无分文，急需一份能养活自己的工作。由于她擅长几个国家的语言，她就想到一家进出口贸易公司去做秘书。可是，多数公司都拒绝了她，还有一个人在信中回复说："你对我生意的理解完全是错误的，你既蠢又笨，我根本不需要任何人做我的秘书并代我写信。就算需要，也不会请你，你连瑞典文都写不好，信里全是错别字。"

这些带有侮辱性的字句映入莉莎的眼帘后，她气得简直要发疯了。那个瑞典人竟然说她不懂瑞典文，其实信上写满错别字的人，恰恰是他！莉莎想都没想，立刻着笔写了一封回信以回击对方，言辞十分犀利。可是，写着写着，她突然停了下来，对自己说："不能这么冲动，我怎么知道他说的没有道理呢？说不定，我真的犯了很多自己都不知道的错误。若真如此，我想要得到一份工作，就得继续提高。兴许，他还帮了我一个大忙呢？我要重写一封信，在信上感谢他一番。"

莉莎撕毁刚刚写的那封骂人的信，重写了一封："非常感谢您在百忙中回信指出我的错误。我为弄错贵公司的业务感到很抱歉，之所以给您写信，是因为别人介绍您给我，说您是这一行的领导人物。我不知道自己的信上有很多错字，我感到很惭愧，也很难过。现在，我已经决心努力学习瑞典文，改正自己的错误，再次感谢您帮我走上进步之路。"

不久后，莉莎收到那位瑞典人的回信，他为莉莎提供了一份工作。

雨果说过：“最高贵的复仇方式是宽容。宽容就像清凉的甘露，浇灌了干涸的心灵；宽容就像温暖的壁炉，温暖了冰冷麻木的心；宽容就像不熄的火把，点燃了冰山下将要熄灭的火种；宽容就像一支魔笛，把沉睡在黑暗中的人叫醒。”

报复如同一把双刃剑，在你报复别人的时候，也有一把剑在刺向你自己。当一个女人的灵魂被报复驾驭时，她就失去了自控的能力，并给了对方制胜的力量。这种力量，会让自己感到寝食难安，魂不守舍，心情烦躁，甚至歇斯底里，彻底与美好绝缘。

细想一下，报复的目的是什么呢？无非就是想与冒犯自己的人“扯平”，仅此而已。可是别忘了，宽容地原谅别人的冒犯，本身就说明你比冒犯者的品质更好。这种豁达是一种修养、一种气度，若说此举是优雅女人的作风，那么一心只想着报复就是小家子气了。但愿，你我此生都能宽容豁达一些，不会被偏执的报复心夺走美好和幸福。

## 别人的错，不必耿耿于怀

有个专横独裁的国王，下令要全国的百姓尊称他为英明神武的国王，以此来证明自己睿智、高贵的伟大形象。其实，人们都知道，他根本不是好君王，只是畏惧权威，没人敢言。

偶然的一天，沾沾自喜的国王发现，有个老人见到他之后，没有尊称他为英明神武的国王。国王不高兴，心里也很疑惑，就把老人叫过来追问原因。老人说："我不肯尊称您为英明神武的国王，不是对您不尊敬，而是我觉得您并非这样的人，单凭您下的这一道命令，就足以证明了。"

老人的言语道出了事实，却也惹怒了国王。为了使老人屈服，国王下令将他关押起来，并且一天只准给他吃一顿饭。

1年过后，国王想起关押在大牢里的老人，便重新召见他，问他是否认识到错了。没想到，老人还是坚持自己的回答。于是，国王又下令将老人收押，只给面包和水充饥。

3年后，老人已经瘦得皮包骨头了，却依然不曾改变自己的看法。无奈之下，国王只好将他放回家中。老人走后，国王悄悄尾随其后，想看看他到底是个什么样的人，为何一直不肯改变自己的态度。

老人回到家里后，妻子和家人十分高兴。国王躲在暗处，看他们欢天喜地的模样，听他们之间的谈话。老人的妻子对国王深恶痛绝，憎恨国王因为一句不中听的话就虐待自己的老伴，把他关了4年，弄得一家人不能团聚。

国王没想到，老人竟然劝慰妻子说："其实，国王没那么坏，他照顾弱小，修建医院，完善法律，兴修水利，凡事以大局为重，保护国家安危。他是个不错的国王，只不过从来没有人在他面前说过违背他意愿的话而已。"

国王以为老人会对他恨之入骨，没想到，老人不但不憎恨他，反而还处处维护他。一时间，国王被感动了，也认识到了自己的狭隘。惭愧之余，他从暗处走出来，对老人说："老人家，是我做了令人无法容忍的事情，你不怨恨我，还处处维护我、尊敬我。我为自己的做法向你道歉。"

老人笑笑，对国王说："我刚才没有说谎，您确实是个英明神武的好国王。"

国王很吃惊，说："为什么你现在肯称呼我为英明神武的国王了？"

老人说："因为您现在懂得了宽恕，让我感受到了您的英明神武。"

人生于世难免会与别人磕磕碰碰，在这些磕磕碰碰里，有时是我们伤害了别人，有时是别人伤害了我们。当别人伤害我们时，如果别人能够给予宽容和原谅，我们的内心便能得到救赎，就能感知到一种被原谅的欣喜和快乐。人情可同，当别人伤害我们时，我们的宽容和原谅一样会带给对方同样的心灵体验。正所谓：“一念慈祥，可以酝酿两间和气。”

一家高档餐厅的西北角，刚刚落座一对母女，看起来宛若姐妹花。她们点了一份清蒸鲈鱼，不料年轻的侍者上菜时，盘子一斜，鱼汁泼洒在那位母亲的皮包上。她本能地跳了起来，布满阴霾的脸仿佛在酝酿一场暴风雨。

还未等她发作，女儿也站了起来，快步走到侍者身边，露出了友好的微笑，拍了拍她的肩膀说：“没事儿，回家洗洗就干净了，你去做事吧！”女侍者如同受了惊吓的小鹿，手足无措地看着皮包，连忙道歉，生怕得不到谅解。

母亲很生气，觉得女儿太客气了，好像做错事的人是她们一样。她瞪着女儿，想听听她的解释，就在这时，借助餐馆明亮的灯光，她竟发现女儿的眼睛里闪着一层薄薄的泪光。

“你怎么了？不舒服吗？”母亲问。

“没有。我只是在她身上，看到了自己的影子。”女儿平静地说。

母亲摇头不解，女儿沉默了片刻，才道出了自己的心声。

女孩在伦敦留学时，父母为了训练她的独立性，大学期间不让她回家，要她自行策划背包旅行，并尝试在英国做兼职的滋味。性格开朗的她在家里什么苦都没吃过，粗工细活全轮不到她，可只身一人在陌生的伦敦，她却不得不选择做侍者来体验生活。

第一天上班，她就闯祸了。

她被分配到厨房清洗酒杯，那些透亮细致的高脚玻璃杯，一只只薄如蝉翼，只要稍微用力一点，都会变成碎片。女孩小心翼翼地刷洗着杯子，好不容易把那一大堆酒杯弄干净时，没想到脚下一滑，身子撞倒了杯子，一连串清脆的响声过后，酒杯全都化成了碎片。

“妈妈，那一刻我有种坠入地狱的感觉。可是，您知道领班对我做了什么吗？她不慌不忙地走了过来，搂住了我，说：‘你没事吧？’然后，又安排其他员工来打扫碎片。对我，她连一句责备的话也没说……还有一次，我不小心把葡萄酒倒在了顾客白色的裙子上，我以为她会大发雷霆，没想到她却反过来安慰我，说‘没关系，不难洗’，说完就静静地走进了洗手间，不张扬，不叫嚣，就像什么也没发生一样。”

尽管母亲一直希望女儿多多体验生活，但听到这些事时，心里还是不免有些心疼。最后，女儿看着母亲的皮包，说：“妈妈，既然别人能原谅我的过失，您就把犯错的女孩当成是您的女儿，原谅她吧！”

人与人之间总会有碰撞和摩擦，谁也不敢保证一辈子不会做错事，是笑着原谅，还是耿耿于怀，直接反映着一个女人的见识与修养。当你能够放弃旧怨，理解他人的难处，把宽容修炼成一种本能时，你其实已经比很多人都上升了一个高度。

## 早点习惯被言论包裹的生活

女人生来有一颗敏感的心，很多时候都无法随心地做自己。尤其是在人生决策的岔路口上，总是跟随着别人的思想和话语走，不自觉地改变了自己。有时为了达到别人的某种评判标准，不惜埋没自己内心真实的想法和感受。

静怡在恋爱之事上，就遭遇了这样的困惑。她的男友是大学时认识的，两个人的兴趣爱好相近，话语投机，就走到了一起。大学的时光是很美妙的，只需享受青春和恋爱的美好即可，但走出象牙塔，一系列现实的问题接踵而来，爱情这件事也被附加了多重条件。

当她兴致勃勃地把男友介绍给家里人时，她本以为会得到多数人的认可，不料等待她的是一连串的质疑和打击。平日说话就很直白的姨妈，在静怡送走男友后，连忙问："他一个月赚多少钱？能在这儿买房子吗？"其他的亲戚也说："是呀，你可要考虑清楚，爱情现在也是要讲究经济实惠的。"

静怡不愿听那些话，爱情若也要经济实惠，那和商品交易有什么区别？男友的月薪和自己加起来不算低，买房子的话凑个首付应该不成问题，但他们有自己的想法，希望趁年轻积累创业的资本，不愿被房贷束缚手脚。只是，有些话听得多了，也难免会心生烦恼。

一位表妹要结婚了，对方家境殷实，亲戚们的态度明显不一样。在婚宴上，静怡沉默寡言，细心的母亲看出了女儿的心思。回去的路上，母亲对静怡说："当年，我嫁给你爸爸的时候，情景就跟今天你看到的差不多。可谁又会想到，婚后没几年，家里的经济状况就不行了呢？你爸是娇生惯养长大的，什么家务都不会，被所有人视为嫁得好的我，其实过得比别人更辛苦。你和他都是有上进心和事业心的人，生活不一定非要先有什么、后有什么，你要坚持自己的选择。至于别人怎么说，还是那句话，生活如人饮水，冷暖自知。"

在困惑的时候听到母亲这番话，静怡的心一下子就不那么乱了。是啊，生活向来都是冷暖自知，别人的只言片语不过是一点提醒，根本无须多心，即便是恶意的批评，也用不着太在意。那些闲言碎语，刮过去就烟消云散了，若是在心里耿耿于怀，那便是让自己的人生堵在这一时的言语中了。

美国华裔心理学家黄维仁曾经说过："特别在意他人评价的人就像自愿当别人的傀儡，别人的一言一行、一颦一笑就操纵了他的喜怒哀乐。这其实是内心缺少'主心骨'，缺少自我肯定的表现。"真正睿智而自信的人，从来不会为别人的看法埋单，他们深知：只有自己对自己的肯定，才是生命的重心。

莫言在获得诺贝尔文学奖后，各种评论声纷纷涌来。莫言很淡定地说："起初，我还以为大家争议的对象是我。渐渐地，我感到这个被争议的对象是一个与我毫不相关的人。我如同一个看戏人，看着众人的表演。我看到那个得奖人身上落满了花朵，也被掷上了石块、泼上了污水，我生怕他被打垮。但他微笑着从花朵和石块中钻出来，擦干净身上的脏水，坦然地站在一边。”

美国华尔街40号国际公司前总裁马修布拉，曾经是人们争相评论的焦点人物。有人问过他：“你是否对他人的批评很敏感？”马修布拉说：“早年，我对这些非常敏感，我力争使公司里的每一个人都认为我非常完美。要是他们不这样想的话，我就会感到忐忑不安，甚至很忧虑。只要有一个人对我有怨言，我就会想法子取悦他。可是，我讨好了他，总会让另外一个人生气。等我想补偿这个人的时候，又会惹恼其他人。最后我发现，我越想主动地讨好取悦别人，就越会使我的敌人增加……”

生活就像是一本书，每个人都将用生命填满它的内容，而在那些空白的地方，难免会看到别人的评论。不要把闲言碎语当成自己生活的准则，最终能够如愿以偿成为理想中的自己、过上理想生活的女人，多数都是肯听从自己内心的声音，跟随来自灵魂深处的呼唤。你要学会坚守阵地，不畏世俗的目光，不介意是否有人欣赏，不惧怕别人的嘲讽，在别人或冷或暖的目光中，勇敢地做自己。

## 你有你的华美，我有我的淡雅

生活像一杯清澈的水，贫穷富有、高贵卑微、权威名利，不过都是一剂又一剂的调味品。有些女人贪图刺激，用奢华和欲望把白水熬成了苦药；有些女人独爱苦中作乐，用阅历把生活冲成咖啡；有些女人偏爱清淡，只愿细品绿茶的清香；有些女人简单清爽，只爱原汁原味的白水。

从第一天进入公司开始，总监就告诉梦雅，杂志是一个时尚的行业，从思想到生活都要有敏感的嗅觉，领略时尚的气息。其实，梦雅从办公室的装修风格、同事的衣装打扮上也看出了几分，面试的那天，她看着不少时尚的女员工在眼前踱来踱去，初出茅庐的她顿时觉得，这就是她脑海里一直憧憬的职场模样。

正式入职后，梦雅心里忐忑不安，一来担心自己是新人，很多事情还不太懂；二来担心不知能否融入同事的圈子，与之有共同的话题。果然，跟同事相处了一段时间后，梦雅的心态发生了变化。每天中午休息时，总会有同事炫耀自己新做的美甲、新买的皮包、代购的大牌，这让手头本就不富裕的梦雅心里觉得很别扭，有嫉妒，有不屑，也有自卑。她看着镜子里的自己，素面朝天，装扮简单，虽然经常有人赞誉她清爽可人，但浓艳的美女似乎更容易吸引众人的眼球。

梦雅的工资只有4000块钱，除去租房、吃饭，所剩不多。为了在同事中间找到存在感，她也开始效仿着花费大手笔来买一些日用品和衣装，工资不够就刷信用卡。如此一来，整个人看起来确实不一样了，但在别人惊艳的目光里，她并没有找到预期的那种宁静和满足，反倒比从前更不自在，她觉得好像从里到外都丢了自己。

这样的日子持续了半年多，梦雅在经济和心理上都感到了压力。在最亲近的朋友面前，她吐露了自己的心声和现状，朋友笑笑，不经意地冒出一句话："你有你的高大上，我有我的真实美，根本用不着分出究竟谁更胜一筹！"

那一瞬间，梦雅的心里像是照进了一束明媚的光，扫走了所有的阴霾和压抑。她总算想通了，人无须跟着别人的脚步走，自己本就是素雅的气质，却硬要往时尚前卫的队列里挤，扭曲了原有的真实，在走样的生活里受煎熬。再回到公司时，她又成了最初那个素简的自己，看起来干净舒服，在明艳照人的同事中间，就像一朵清新的百合，静而美。

库拉尼曾经说过："模仿、抄袭、效仿别人暴露出一种恨自己的倾向。"模仿别人，嫉妒别人，与人攀比，就证明你在否定自己。回头想想：如果对自己的感觉都不好，那还有什么能让你感觉好呢？纵然攀比之后，你努力争取到了，那也不过是为了比较而达到了目的，并非内心真正的满足。

其实，无论做人还是生活，都不需要太过刻意，做好自己就已经足够。若是玫瑰，娇媚鲜艳，就不要和玉兰比清香淡雅，只要安然享受热情与浪漫就好，不必抱怨自己长着的刺；若是小溪，涓涓细流，就不要和大海比宽广辽阔，只要静静享受流淌的惬意从容就好，不必抱怨自己默默无闻。

意大利女演员索菲亚·罗兰，在步入晚年时美丽依然，以绝对优势击败了比她年纪小30~40岁的众多影视、T台中的美女，一举当选为“20世纪世界上最美丽的女性”，那一年她已经66岁。这样的结果不禁引发了许多人的思考：什么是美丽？女人美丽的标准是什么？

对这个问题，索菲亚·罗兰的理解是：“自我开始从影起，我就出于自然的本能，知道什么样的化妆、发型、衣服和保健是最适合我的。我谁也不模仿。许多人把浓妆作为掩盖自己的面具，尤其是年轻妇女。我体会到，过多地化妆使一个女人的面容苍老，甚至能破坏她脸上的表情。我深信外表美是和内心美有直接联系的。眼睛不美并非单纯由于太大或分得太开，同时也由太于它们反映了一个女人发自内心的某些东西。我的眼睛就是我灵魂的一面镜子。”

面对外界的评议，如早年许多人觉得索菲亚·罗兰的容貌不太符合大众审美观，劝她整容时，她的态度很坚决：“我喜欢我的鼻子和脸本来的样子。我的脸确实有些与众不同，但是我为什么要长得和别人一样呢？至于我的臀部，不可否认，我的臀部确实有点大，但那也是我的一部分。我要保持我的本色，我不想因为别人的看法而改变自己。”

做女人，就该有这样的态度。别人有她的华美大气，你有你的淡雅清秀；别人有她的奢侈名贵，你有你的独特品位。把目光从别人身上转移开来，做最好的自己，留下最美丽的风景给别人欣赏，用不着一味地追逐别人的美丽，压抑自己的真实。在这浮躁的世界里，保持自己的本色，看到属于自己的美好，是一种智慧。

## 用欣赏的眼光去审视每个人

对自己仰慕和崇拜的人，我们看到的往往是对方身上的闪光点；对那些不喜欢、看不惯的人，我们却习惯报以厌恶的目光，将其看得一无是处。然而，退回到客观的立场上，平心而论，那些人真的没有一点可取之处吗？或许，真正的问题出在我们的心里。

记得《飘》中有这样一句话："假如你用挑剔的眼光看待这个世界，那么，你眼中将遍地荆棘。"大千世界本就形形色色，人与人之间总会有这样或那样的不同，即便是对同一件事物的理解也是参差有别，思想不同，处事风格也不一样，若是因此就以有色眼镜看人，未免有点太过狭隘了。真正有修养的女人，不会随随便便地看某一个人不顺眼，而是会尽量用欣赏的眼光去发现每一个人身上的优点。

凌鑫是一家公司的市场部主管，已任职5年，对这份工作她一直兢兢业业，且跟周围人相处得也很融洽。直到半年前，公司策划部新来了一位同事卢诗诗，此女子名牌大学毕业，手拿双学位，一进公司就成了响当当的人物。也许是出于嫉妒，也许是卢诗诗的个性太强，很多同事都看不惯她的作风，包括凌鑫。然而，老板却很重视卢诗诗，没过多久就把她提升到了客户部主管。从职位来上说，她跟凌鑫是平起平坐的，由于业务关系，两人还要经常合作，这让凌鑫心里很不舒服。

在共事的过程中，不知是故意还是怎的，卢诗诗总会给凌鑫的工作挑刺儿、找毛病，只要有一点儿小错误，她都要跟凌鑫说上好几遍。每次凌鑫漂亮地促成一笔订单时，卢诗诗却只会轻描淡写地说一句“辛苦了”，没有任何嘉奖之言。

凌鑫按捺不住性子，跑到老板那里投诉，说卢诗诗为人太苛刻，很难相处。老板并没有把这番话当回事，反倒劝凌鑫放下成见跟对方建立友谊，还说人品和工作是两码事，卢诗诗的工作能力很不错，有值得学习的地方。

得到这样的答复，凌鑫起初是不满意的，但她也清楚，自己还要继续在公司任职，就必须跟卢诗诗相处，总是这样的状态肯定不行。无论喜不喜欢，为了工作她都得摒弃偏见，跟对方携手共事。随后，她连续几次主动邀请卢诗诗一起吃午餐，这种友善政策貌似也起了作用。自从有了共进午餐的基础，卢诗诗给她挑刺儿的次数越来越少，还经常提醒她要注意的各种事项，遇到难推进的项目，两人能够心平气和地坐下来商量。

尽管这种关系和朋友并不一样，但凌鑫明白，至少两人不会再产生什么摩擦了，置身于办公室中，这样的距离不远不近刚刚好。渐渐地，凌鑫还发现，卢诗诗虽然有点傲气，在为人处世上偶尔会不知深浅，但她对工作的那份认真、专注，的确令人敬佩。

欣赏是一种美德，欣赏自己不喜欢的人是一种能力，也是一种智慧，更是一种处世之道。只有心胸豁达的女人，才能够理解和包容与自己对立的人，忘却彼此之间的摩擦与隔阂，并极力发现对方的美好之处。这样的思维方式和处事作风，一来可以缓和僵硬的人际关系，二来也能让自己的心情变得平静，不必终日将精力用在挑剔和埋怨上。某些时候，这份宽容和豁达，还可以感染他人的灵魂，成为美谈。

当年，作家林清玄还是一家报社记者的时候，曾报道过一则有关小偷的新闻。新闻中说，这个小偷作案手法细腻，虽犯案上千起，却从未被抓到过。林清玄在报道的最后，情不自禁地流露出了对那名小偷的欣赏："那个小偷拥有如此细密的心思，拥有那么灵巧的手段，又那么斯文有气质，如果不去做小偷，从事任何一项职业想必都会大有成就。"

谁也没有想到，林清玄在20多年前无心写下的这些赞美之词，竟然影响了一个青年的一生：当年那位惯偷，如今已是台湾地区几家羊肉连锁店的老板了。这位误入迷途的青年瞬间醒悟，恰恰是从看到报道的那一刻起，立志脱胎换骨，重新做人。在一次邂逅中，这位老板诚挚地邀请林清玄，他诚恳地说道："老师，您当年写的那篇报道，打破了我生活的盲点，让我重新认识了自己。"

欣赏不只是表面上的简单赞美，更是一种能折射出一个人美好心灵的思维方式。正如培根所说："欣赏者心中有朝霞、露珠和常年盛开的花朵，漠视者冰结心城、四海枯竭、丛山荒芜。"只有拥有春天般美丽心灵的人，才能够领悟到春天的美丽，纯洁的思想能让微小的行动变得高贵。

对喜欢的、不喜欢的人，都用欣赏的眼光去看待吧！通过对别人的宽容豁达，陶冶自己的情操，提升自己的修养。在审视他人的美好之时，让自己的心灵不断得到净化与调适。人生只有用欣赏的态度去品味，才能尝出应有的乐趣。

## 有气质的淑女，从不去炫耀

女孩的家境很好，父母经商多年，积累了大量的财富。从小养尊处优的她，从某知名大学金融专业毕业后，通过父亲的关系，进入一家集团的财务部工作。

尽管是初出茅庐，但女孩在着装打扮上却像是一个资历深厚的金领：每天上班总是身着名牌套装，拎着爱马仕的皮包，珠光宝气地出现在办公室里，非常惹人注目，生怕别人漠视了她这个新人的存在。

有一次，她看见一位女同事的大衣下摆处破了一个小口，就不假思索地问："你的衣服坏啦，为什么不再买一件呢？"一句话问得人家满脸尴尬，女同事只得解释说："噢，这件衣服前几天不小心弄破了，但是不影响穿，扔掉怪可惜的，当初也是花了我半个月的工资呢！"女孩并不理解同事害怕浪费的心理，接着说："回头我给你两件吧，我有很多衣服穿一次就不喜欢了，而且每年都要买新的……"女同事表面应承着"好呀"，其实心里很不是滋味，感觉被伤了自尊。

年底，公司组织了庆祝会，年轻的同事聚在一起聊起了买房买车的问题，话语间都在抱怨房价太高买不起。女孩听后，不以为然地说：“看来，我还算幸运的哈！我家在市区有两套房子，郊区还有一栋别墅，不用操这份心啦！”同事们面面相觑，有的干脆闭口不言，有的笑了笑没出声，但所有人的脸上都写满了不快和厌恶。

渐渐地，女孩发现同事们似乎都在刻意回避自己，态度也很冷漠。她不知道是什么原因，但也觉得在公司里如坐针毡，很不舒服。知女莫若父，看到女儿蔫头耷脑的样子，父亲跟她说：“别人不会无缘无故地疏远你，是不是你平时的表现让别人不舒服了？与人相处，不管你的条件多优越，都不要张扬炫耀，这样才不会引起别人的‘羡慕嫉妒恨’。”

女孩回想自己跟同事相处的情景，终于明白了症结所在。此后，再去公司时，她收起了自己的“奢侈品”，设身处地去理解同事的言行，周围的人又开始慢慢地接纳了她。

亦舒在《圆舞》中说过：“真正有气质的淑女，从不炫耀她所拥有的一切，她不告诉别人她读过什么书，去过什么地方，有多少件衣裳，买过什么珠宝，因为她没有自卑感。”

富家女孩极力在同事面前炫耀自己的家境，无疑也是在寻求一种存在感，生怕新人的身份会让她被人漠视。说到底，这其实也是骨子里的不自信。倘若内心有足够的底气，那她完全用不着大张旗鼓地彰显自己。

看过《流星花园》的朋友，一定对优雅美丽的藤堂静印象深刻。她家境优越，气质绝佳，但她从来都不夸耀自己，也没有摆出过颐指

气使的架势。对待任何人，她都是和颜悦色的，她的惊人经历和美丽智慧全是从别人口中说出来的。这不禁让人对这个素未谋面的女人充满期待，当她出场后，高贵典雅的气质更是吸引了众人的眼球，使人念念不忘。

我们可以假设一下：倘若藤堂静的美丽和气质不变，而出场时的她抬着高傲的头，说着尖刻的话，那么无论她长得如何漂亮，恐怕也难以得到优雅的赞誉，甚至会为人所不齿。这大概就是女作家杏林子所说的："昂首阔步、趾高气扬的人比比皆是，然而有资格骄傲却不骄傲的人，才是真正的高贵。"

身处心浮气躁的浮世繁华中，纵是才貌双全，完美无瑕，名利均有，也不能处处显示自己的优越。借助炫耀来展示自我，证明自己的能力和价值，实则是一种浅薄。珍珠的价值远不在于璀璨的外表，而在于深埋于水底，被河蚌慢慢包容的厚重度，以及无与伦比的恒久感。

同时，不去炫耀也是一种修养，这种修养源自同理心。站在他人的角度想一想，谁都需要一种被重视的感觉，当你在别人面前大肆地显摆自己的优势时，很容易让对方生出自卑感和压迫感，这种感觉会严重侵犯对方的自尊，让人不由得生出嫉恨。为了消除这种自卑感，对方就会对你产生一种敌对和排斥感，以此进行自我平衡。

没有尺度地炫耀自己，不会让你变得更受重视和欢迎，反而会让你在现实中举步维艰。想得到他人的认可和尊重，就要收起趾高气扬、不可一世的姿态，放下自以为高不可攀的学历、引以为荣的家庭背影、自以为是的身份，做一个不卑不亢、平和从容的女人。要知道，在浮华的尘世间，低调的沉稳远比高调的炫耀更能彰显内在的丰盛。

## 谁与你争论，放手让他赢

与人辩论、争强，或许有时会获得胜利，但这种胜利是空洞的，因为得不到对方的好感。

一个女孩在一家4S店做汽车推销员，最初的几个月里屡屡受挫。几乎每天都有顾客来看车，她苦口婆心地做推荐，对方却总觉得不满，有时说出来的话让人很难接受。也许是年轻气盛，每当这时，女孩就会跟顾客展开争论。伶牙俐齿的她在争论中赢过很多次，但遗憾的是，她一辆汽车也没卖出去。

试用期结束后，她主动找到经理，说："您能不能帮我提升一下口才，我很着急，这么久了还没有出单。"经理是一个资深的业务员，从业10余年，在店里的销售纪录一直很高，他跟女孩说："我觉得，你的问题不在于'不会说'，而是'说得太多'。"

女孩听得云里雾里，心想：卖东西不就要靠嘴说吗？经理看出了她的困惑，列举了她在以往工作中的两个事例，进而解释道："你应当学学如何保持拘谨，别再跟客户发生冲突。跟客户去争论，对你有什么好处呢？”

经理的话让女孩茅塞顿开，之后再有顾客提出某车型的车不如其他品牌的车好时，她不再高声反驳，而是顺着对方的意思，大大方方地肯定顾客的观点，再把话题转回到自己推荐的车辆的优质性能上。就是这样一个小小的转变，让女孩的工作变得顺畅了许多，她不再每天气嘟嘟地抱怨顾客挑剔，而是懂得用真诚和委婉去赢得顾客的信任。

现实就是这样，与人大声争论无法给你带来任何益处，就算你说的是对的，依然对改变对方的思想没有好处；可当你保持沉默，尽量不与对方发生冲突的时候，对方反而能够听进你的意见。正如卡耐基先生所言：“天下只有一种方法能得到争论的最大利益，那就是避免争论。”

喜好争论的女人，无论如何都难以给人留下优雅的印象，更难博得人的好感。不争论，少说一两句话，不代表软弱好欺，而是一种以退为进的气度。换而言之，即便你处处有理，可试图用激烈辩论的方式去得到对方的认可，终究是徒劳无功，只会让分歧越来越大。试着退一步，不但能维持良好的人际关系，还能彰显自己的优雅风度，且更易赢得他人的信服。

阿果是一家西饼店的店长，脸上总是挂着甜美的微笑，就像是西点橱窗里那温暖的灯光，让人看了就觉得温暖舒适。所以，不管是店员还是顾客，都很喜欢她。

某天傍晚，店里的一位客人大发雷霆，指责店员说：“你们店里的牛奶是坏的，我本想用它泡红茶的，现在这红茶也浪费了！你们这么做，是不是有点儿太不厚道了？”他越说声音越大，引来了其他顾客的旁观，大家都在等着结果，看这家店的东西是不是真的有问题。一些正准备结账的顾客也开始犹豫，说需要考虑一下。

见情势糟糕，阿果连忙走到顾客跟前赔礼道歉，并吩咐店员给这位顾客换一杯新的红茶。新红茶很快就上来了，碟边放着新鲜的柠檬和牛奶，跟之前的一模一样。阿果轻轻地把茶放在顾客面前，小声地说：“您好，希望您满意。不过，我想建议您一下，如果放柠檬，就不要加牛奶，因为有时候柠檬酸会使牛奶结块。”

听了阿果的好心提醒，这位顾客的脸一下子红了，没再多说什么。这时，阿果向顾客们解释说：“大家别担心，只是一场误会，店里的食品很安全，请大家放心购买。”

事后，店员跟阿果抱怨：“明明是他（顾客）的错，态度还那么恶劣，凭什么还要对他那么客气？”阿果说：“就是因为对方粗鲁，我们更要用委婉的方式对待。道理很明显，理不直的人，才用气壮来压人；理直的人，自然会心平气和。”

有些争论是没有意义的，输是输了，赢也是输了。如果阿果和店员当着众人的面，指责那位顾客把柠檬和牛奶都加到了红茶中，犯了常识性的错误，无疑能占据理的上风。可这样的做法，除了让顾客自惭形秽，被伤害自尊，怨恨她们，还有其他的意义吗？就算他在尴尬和狼狈中离开，其他顾客又会怎么看呢？他们会不会想：如果某一天，这件事发生在自己身上，受到的待遇会不会比眼前看到的更糟？

有句禅语说得好：“恨无法让恨消除，只有爱才能让恨停止。”

激烈的争论，永远都不可能让误会消除，有修养的聪明女人往往都靠技巧、协调和宽容，设身处地思考对方的观点，绝不会要一个毫无实质意义的、表面上的胜利。所以，今后若有谁再与你争论，那就放手让他赢吧！

## 真正的强大不是咄咄逼人

秦小姐在一家杂志社任职两年，做事兢兢业业，却一直得不到提升，原因是每次她与同事协作都会出岔子，以至于老板觉得她能力不足。其实，每次有项目下来，从整体策划到任务安排，都是她一手经办的，且非常系统、有条理。所以，被老板说成能力不强，秦小姐心里是不服的。

可话说回来，在公司里做事，老板要的是结果。无论秦小姐计划得多么完备，在执行效果上却都不太理想，她把责任归咎于同事不配合，而同事在私底下也是怨声载道，指责秦小姐太过专横霸道，容不下别人有不同的意见。

很多次，同事提出了选题点，原本信心满满，她却一棍子将其打死，把对方的点子批得体无完肤。当对方做出解释后，她又把声音提高八度与之争论，以此证明自己的想法是对的。她不是针对某一个同事，而是对所有人都这样，她的本意倒也不是想“打压”谁，只是为了凸显自己的独特见解。

如此一来，同事们都知道她咄咄逼人的性情，也就懒得发表意见了。她提出选题点，大家都一致表示通过，无论心里的真实想法是什么，都不想再跟她争辩。若是有什么工作需要跟她一起协作的，同事也不愿意跟她沟通，如此一来，不是杂志内容老套、缺乏新意，就是执行出了差错。时间长了，老板对秦小姐的能力也产生了怀疑。

世上没有完全相同的两片树叶，也没有完全相同的两种意识，人与人不同的思想意识，构成了五彩缤纷的世界。同时，也因为个人思想、立场不同，不可能永远保持一致，总会出现意见相左的情形，也会出现误会与争执。这些都是不可避免的事，关键在于出了这样的问题时，女人该用什么样的态度和方式来应对？

性格倔强、态度强势的秦小姐就是个典型的反面教材，犀利的言辞和咄咄逼人的架势，使她不仅在同事中间失去了人缘，也被老板冠上了能力不足的帽子。她不知道，一个温和地对待别人，温和地面对世界的女人，永远比摆出骄横姿态、咄咄逼人的女人，更有内涵和力量。

漂亮是女人的一种资本，但有时也会招惹来嫉妒和麻烦。苏莫在公司里一直不温不火的，可有些心高气傲的女同事还是视她为“眼中钉”，总是有意无意地奚落她，或是给她制造一些难堪。

公司每年都会举办答谢酒会，而这也是众多女员工们最期待的日子，因为可以褪去清一色的工作服，换上最能凸显美丽的衣装，一展风采。苏莫的家境平平，也不太喜奢华，这样的场合里，她穿了一件合身的小黑裙，没佩戴任何首饰，头发也是简单地自己盘了一下。其实，这样做的目的也是不想太惹眼，给自己减少不必要的麻烦。

酒会开始后，苏莫找了一个偏僻的位置坐下。没过多久，衣着华丽的Melissa和Susan走了过来。苏莫礼貌地冲她们微笑，可心里也猜得出来，她们接下来要做什么。

果然，Melissa一如既往地显摆自己，冲着苏莫假装抱怨："你可真是惬意啊，躲在这里好清静！咱们公司的几个大客户非邀请我们跳舞，其实我也不愿意跳，可人家都提出来了，咱也不能摆架子呀，你说是不？"

苏莫何尝不知，这话是说给自己听的，指责自己故作清高、摆架子。她本想回应，可想了想没必要解释，让她说去吧！苏莫只是淡淡地笑了一下，说："累了就坐下歇会儿吧！"

见苏莫这么淡定，Melissa也不好再说什么。这时，Susan跳转了话题："苏莫，我记得你去年就穿了这件裙子吧？说实话，你真应该买件像样的晚礼服，你身上这件太普通了，跟你的气质也不太配。在这种宴会上，穿得不漂亮点儿怎么能吸引男士的目光呢？别忘了，灰姑娘要是没有水晶鞋，王子可是不会注意到她的。"

苏莫继续沉默，示以微笑。

"哎哟，你怎么也不给自己买条项链啊？我上次去韩国的时候，带回来好几条呢！要不回头送你一条，别吝啬给自己投资。"Susan一边说，一边摸着自己脖子上那条新买的闪亮的项链。她不是真心在给苏莫提建议，而是在炫耀和显摆自己。

苏莫听着Melissa和Susan的话，默不作声，脸上却始终保持微笑。她觉得，只要她们两个说累了就会停下来。就在这个时候，宴会上最优秀的男士——公司里新来的销售总监朝她们走了过来，Melissa和

Susan激动不已，嘴里不停地念叨："你看，他向这边走过来了……"可她们没想到，这位男士却把手伸向了苏莫："一直没机会跟你认识，能请你跳支舞吗？"苏莫微笑着把手伸向他，说道："好！"

苏莫回过头向Melissa和Susan一笑，说："不好意思，我先失陪了。"接着，她便和销售总监步入了舞池，气得Melissa和Susan直跺脚，可又说不出什么，只得继续抱怨："她有什么好呀？不就是长着一张漂亮的脸蛋吗？"

当局者迷，旁观者清。苏莫吸引人的地方，绝不只是她的漂亮，还有她的修养。至少，她从来没有摆出过一副高高在上、目中无人的样子，反倒是Melissa和Susan，一直在咄咄逼人地排挤着她，发泄着内心的嫉妒和懊恼。

对女人来说，真正的强大与淡定，不是在给别人提意见或是在面对他人的挑剔时，摆出一副不饶人的架势，用尖酸刻薄的语言堵住别人的嘴。比这种方法更高明、更睿智的，是用平和而尊重的姿态去提醒对方，或是以微笑去化解某些不怀好意的言辞。

其实，咄咄逼人很容易，只要语言上喋喋不休、表现得盛气凌人就行了，真正难的是，时刻保持温润如玉的样子，这样的不动声色看似简单，实则却需要丰富的内涵，那是骨子里的胸有成竹。

# 给拒绝加一点暖暖的温柔

有朋友向你借钱，态度极其恳切，且着实是遇到了难事，但你心里很清楚，这个人的品行和口碑不太好，如果真把钱借给他，很可能有去无回。可面对他近乎卑微的姿态，你会不会犯难，不知如何拒绝？

有熟人向你推销商品，你知道那产品并不太好用，买下了也是放在一旁扔着，纯属浪费。可平时你跟她的关系真的不错，你会不会发愁，不知该找个什么样的理由作为借口？又会不会担心，理由编造得太假，被对方看穿会影响日后的相处？

这样的情形，我想所有人都不会觉得陌生，若要继续补充的话，不知还会引出多少人的愁思。关于拒绝这件事，日本的一位教授总结道："央求人固然是一件难事，而当别人央求你，你又不得不拒绝的时候，亦是叫人头痛万分的。因为每一个人都有自尊心，希望得到别人的重视，同时我们也不希望别人不愉快，因而也就难说出拒绝的话了。"

不过，拒绝的话再难说出口，也不该成为委曲求全的理由。我们总在担心“说不”会伤害对方，会让自己不受欢迎，却忽略了另一个重要的问题：不懂得拒绝别人，也是对自己的不尊重；把自己不喜欢、做不来的事应承下来，筋疲力尽之后弄得一塌糊涂，让对方的期待落空，才是破坏彼此关系的大敌。

卓别林大师曾劝解世人：“学会说‘不’吧，那样你的生活将会好得多。”

道理上是这样的，但付诸实践中，却总需要点儿技巧，才能达到理想的效果。直截了当地拒绝，非但起不到轻松生活的目的，还可能伤及对方的面子，认为你不够尊重他，进而产生不满情绪，严重的话还可能对你反唇相讥，给自己徒增麻烦和烦恼。同时，你的犀利之态还会给人留下刻薄的印象。

琳一直是个急性子，在十七八岁时狠狠拒绝过一个男生：“你知不知道你很烦？我一看见你就讨厌！喜欢我？你还是省省吧，我这辈子都不会看上你的……”也许是年少轻狂，她只怕轻描淡写地拒绝会给对方留下虚无的希望，就选择了用莽撞和决绝的方式。

几年后，琳喜欢上了一个男生，经过4年的煎熬和反复的思量后，她终于忐忑不安地向对方表白了。对方的回答是小心翼翼的，可轻描淡写的言语还是给她脆弱的自尊带来了难以承受的伤害。她想起当初自己对别人粗暴而残忍的拒绝，顿时有一股愧疚涌上心头。一直以为自己给予别人的态度是对的，是为对方着想，不想被对方误解为欲拒还迎，却不曾料到自己的羞辱和指责，对他人是另一种残忍。

有一次，琳无意间听闺密说起拒绝一男生的事。她问闺密：“你怎么跟他讲的？”闺密笑答：“知道你喜欢我，我很高兴。不是你不够好，只是我要的是白菜，而你是萝卜。”

多么委婉而完美的回答啊！琳不禁对闺密的情商暗暗佩服，如果自己是被拒绝的一方，也会为这样体贴而善良的拒绝满怀温暖和感激。原来，拒绝也是可以如此温柔和优雅的。

多数人习惯把态度坚决和语气强硬联系在一起，仿佛不说得严厉和决绝一点儿，就无法达到拒绝的效果。其实，根本不是这样，看看那些优雅而灵动的女人，有哪一个会在人前脱口而出伤及对方自尊的话，同时她们也都不曾失去自己的立场和主见。原因就在于，她们总是用温柔而委婉的方式，去表达自己的明确的态度。

一位朋友想请假外出经商，就来找某位女医生，希望对方给他开一个肝炎的病历和报告单。医院早已经多次明令禁止这种作假行为，一经查实定会严惩。女医生自然不愿“以身试法”，就委婉地把自己的难处讲给了朋友听，暗示他如果自己帮了这个忙，就违反了规定，而且会给彼此带来一些不必要的麻烦。最后朋友说：“我一时间没想那么多，听你这么一说，我也觉得办法不可行。”

有位女士在谈到婉拒的技巧时，说了这样一件事。曾经有一位男士把音乐会的入场券递给她，同时对她说“欢迎你和我一同参加”。这时，她很想拒绝男士的邀请，于是从皮包里拿出日记本，打开看了一下，说：“谢谢你的好意，不过已经有人事先约了我。”就这样，她非常委婉地拒绝了对方。还有一次，一位男士邀请她共进午餐，她回答说：“我很高兴受到你的邀请，但是可不可以顺道邀请某某呢？原来我们约好一起去购物的。”此话一出口，对方便知趣告退。

每个人都有爱面子的心理，纵然是在被人拒绝的时候，也希望保留自尊。有教养的女人深谙这一点，并在任何时候都会努力让人感到舒适，就算是拒绝别人，也会礼貌以待，温柔缓和，她们会尽可能多地使用敬语，让对方有一种“可能被拒绝”的预感，从而做好被拒绝的心理准备。在不伤害他人的情况下婉转地表达出自己的想法，这是每个优雅女人都要学会的生活智慧。

# 第三章

## 心平气和，美丽的人生不失控

在岁月面前，谁也无法战胜必然的衰老，或是逃脱琐事的纠缠。但你有权选择，在平和与淡然中接纳生命的规律，善待自己、善待他人、善待生活，成为一个花开不败的女人。

## 冲动失控，你就丢了优雅

不知从什么时候开始，很多年轻的女孩把情绪化当成了任性的理由，哪怕因情绪失控伤害了周围的人，也只是轻描淡写地说一句："女人多少都是会有点儿情绪化的。"听起来，似乎一切都不是自己的错，而是性别决定了这样的性情。

不可否认，在传统的印象中，多数女人都以柔弱、敏感、多思、爱哭的模样出现，但没有谁说过，女人可以随意向周围的人使性子、闹脾气。唯有不懂事的小孩，才会用这样的方式处理问题，一个完整的、有内涵的女人，其内心世界当是独立而强大的，须是能够理性地掌控自己的情绪的。到了该懂事的年纪，若还不能约束自己的言行举止，经不起任何的风吹草动，总想按照自己的意愿做事，盲目冲动不计后果，就是修养不足了。

外形甜美的女孩乔恩，中专毕业后被分配在一家大型超市的客户部工作。国庆节期间，超市活动比较多，顾客量比平时多了好几倍，结账的队伍排得长长的，服务台也是人满为患。有很多顾客对超市的服务不满，争相诉说他们的遭遇和困难。在这些投诉的顾客中，不乏一些蛮横无理之人，说话非常难听。

乔恩开始还耐着性子接待这些顾客，但随着顾客不满的声音越来越多，愤怒的情绪越来越大，有些顾客甚至把情绪转移到她身上，乔恩也渐渐变得不耐烦了。想起自己早上还被主管训斥了一通，心里本就窝着一团火，现在顾客又开始挑三拣四，她更觉得委屈和愤怒。

当听到一位顾客说“你们这公司哪儿有好人呀，全是认钱不认人”时，乔恩的火气噌地一下就冒了上来。面对顾客的谩骂，她觉得再不还击的话，简直就要崩溃了。接着，她就跟顾客对骂起来，伶牙俐齿的她不停地指责顾客，说得对方哑口无言，只好拂袖离去。吵完后，乔恩觉得心里舒服多了，可她的这份工作也在吵闹中失去了。

事后，公司召开会议，提出要加强员工的个人修养和服务意识，乔恩的事给整个超市带来了极坏的负面影响，有些顾客直接投诉到总部，或是在网上发帖批评，指责超市整体的服务态度差，严重影响了超市的形象。

顾客的话是很难听，但乔恩的做法也实在不够理智。就算她不是超市的服务人员，一个女孩子在大庭广众之下与人谩骂，终究会让人觉得不舒服，至少会认为她没有修养。作为女人来说，仅靠年轻和美丽远远不能成为一个有魅力的女性，女人真正的魅力应当是由内而外散发出来的，且很大程度上取决于内心是否足够美好，是否可以驾驭自己的情绪和生活。只有那些能控制住自己、做事不冲动的女人，才能赢得他人的欣赏与信赖。

美国国务卿希拉里，优雅得令人动容。她曾梦想成为美国总统，而社会上不断传来负面的语言，指责希拉里异想天开。面对指责，希拉里不但不计较，反而更加支持言论自由。希拉里的宽容与大度，使她获得了更多的拥护者。

想要做一个有魅力的女性，就要做到“攘外必先安内”。心灵是一切动力的来源，无论你此刻处于什么样的境地，都要好好修炼自己，安抚好自己的情绪。千万别因一句指责或者一件小事，就丢掉难能可贵的优雅。心胸开阔一点，遇事淡定一点，女人因淡定而优雅，因优雅而高贵。

周末，陈小姐到单位处理点资料，刚坐下没多会儿就停电了。她心里想，肯定是后勤的管理员干的，就奔到楼下的管理室找对方。这时，管理员正若无其事地喝着水，见此情形陈小姐就发怒了，不问缘由破口大骂，指责管理者玩忽职守，白拿单位的钱，一口气骂了半天，最后实在想不出该说什么，才放慢了语速。

这时候，管理者站了起来，脸上露出善意的微笑，以一种镇定有自制力的柔和声调说道：“你今天看起来似乎有点激动？没事吧？”就这么不温不火的一句话，竟让陈小姐无言以对。

回到办公室后，陈小姐心里怎么都不踏实，想想自己说的话也觉得有些过分，言辞间透着对管理员的歧视和偏见，更何况，自己也没闹清楚究竟是什么问题导致的停电。她后悔自己太冲动，只因心情不好就不问青红皂白地乱骂人，也许从职位上来说，自己身为财务主管属中层，比普通的后勤员工在级别上高一点，可就刚刚那件事来说，管理员的表现俨然高出自己好几个层次。怎么想，她都觉得自己应该去道歉。

就在这时，她突然看到桌上的纸条："陈姐，办公室的电卡我充了钱，但需要再插一下卡。昨天走得急，我忘了。你加班的话，麻烦自己插一下卡，不然会停电。"落款人是行政助理杉杉。事情的真相揭开了，果然是自己冤枉了管理员。

陈小姐又去找管理员，对方看到她，吃惊地问："你还有什么事吗？"

陈小姐不好意思地说："对不起，我是来跟你道歉的，我不该说那些话。"

管理员笑了，说："我这个人忘性大，不记得你刚刚说什么了。我想，你可能也只是心情不好，想发泄发泄吧，并无恶意。"

陈小姐特别感动，这件事让她重新审视了自己，并暗自发誓：今后无论发生什么事，都不能冲动失控。一旦失去自制，另一个人——不管是目不识丁，还是教养深厚，都能轻易地将自己打败。自制不仅是一种能力，更是一种修养。

所以，不要总是把自制力差说成是情绪化，一个人的忍耐力和修养都是可以培养和提升的。调整心态，不让情绪成为主宰，少一点冲动和鲁莽，对丈夫温柔体贴，对孩子开明教育，对老人理解尊重，这些力所能及的事并不需要太多的技巧，只需一颗温润的心。正是这些细小的行为，构成了优雅美好的性情，让平凡的女人变得熠熠生辉。

## 做一个不浮不躁的女子

一个虔诚的妇人，终日拜祭神灵，希望神可以帮她完成心愿。终于，神被她感动了，问她："你求什么呢？"妇人答："我求心想事成，一帆风顺。"

神从口袋里掏出一个宝瓶，对她说："这是一个宝瓶，如同你的心一样。当你静下心时，它就会帮你达成心愿；如果你急于求成，心浮气躁，它会让你一无所有。"说完，神就走了。

妇人半信半疑，但谨记着神的话，尽量保持心态平和。她试着幻想一桌饭菜，果然一桌丰盛可口的饭菜出现在她眼前。她没有得意忘形，又想着变出一袋金钱，很快一袋金钱便掉在她的脚下。之后，她让宝瓶变出豪宅，一切都应验了。

这时，她已经有些按捺不住内心的喜悦了，又让宝瓶给自己变出马车、财物和仆人，她的欲望越来越大，心也开始飘飘然。当一切想象出现在眼前时，她激动地拿着宝瓶手舞足蹈起来，不料一个踉跄，连人带瓶都跌倒在地。宝瓶碎了，那些豪宅、马车、美食、仆人也在一瞬间消失殆尽。

记得一位教授问过某学生：“什么是你的追求？”学生给出的答案很多：“健康，财富，名誉，爱情……”教授不以为然，说：“你把最重要的一项忽略了——心灵的宁静。少了它，所有的东西都会给你带来可怕的痛苦。”

人生最大的财富不是外物，而是内心的宁静。所有美好的东西都需要一颗宁静的心去等待、去创造、去品尝，若是心里毛毛躁躁，无论身在什么地方，过着怎样的生活，都难以感到安宁和幸福，更多的时候都是在饱受患得患失的苦。

20多年前，她大学毕业，被分到离县城一百多里的小学任教。那时候日子很辛苦，没有菜市场，没有超市，甚至连杂货店小卖部都没有，每个礼拜的饭菜都得从自己家里带去，吃的东西也很简单，只有馒头和咸菜。村里没有电视，没有电脑，没有手机，一天只有一趟公交车进出，路面坑坑洼洼的。对她来说，唯一的乐趣就是把自己带去的那几本名著翻来翻去，到最后，书已被翻得都不像样子了。

她说：“那时候，我特别羡慕城里人。”

后来，她总算熬出了头，被调到城里的一所学校。脱离了那片闭塞的土地，再跟那些依旧在乡下的同事、朋友见面，她心里不由得滋生了一些优越感。回城后的日子一天天好起来，社会的发展节奏也越来越快，周围高楼大厦拔地而起，整个世界都在变化。宽阔的柏油马路和来来往往的车辆将城市装饰得无比华丽，像梦境中一般美好，而夜晚的灯红酒绿也让人多了几分迷茫。

此时，为人所羡慕的已经不是像她这样端着“铁饭碗”的人了，而是那些下海经商赚了大钱的人。她认识的朋友中，有人经商做买卖，赚得盆丰钵满。与人一比，看着自己每月到手的那点死工资，她心里的平衡感和优越感一下子就被打破了。

一个人心里揣着太多的愤懑，就会变得歇斯底里。她开始动不动就发脾气，跟家人争吵，挑剔和指责同事，整个人看起来充满戾气。

有一天晚上，丈夫回来得晚了点儿，说是加班累了不想吃饭，直接就进卧室躺下了。看着自己辛苦做好的饭菜一口未动，她便冲着丈夫发火，说了许多难听的话，且越说越离谱，最后竟说自己跟着丈夫没过过一天舒服的日子，指责丈夫没本事。

性情温和的丈夫，早已受够了她的无理取闹，一针见血地戳穿了她的心病："这些年，你心里就一直没平静过。不管是在乡下任教过着苦日子时，还是调回城里分了房子、涨了工资后，你一直都觉得自己的脚步慢了别人一拍。现在，你又开始嫌弃我、埋怨我，你为什么不反思一下，是你太急于求成、太爱攀比、贪得无厌呢？"

回望现实中的芸芸女子，多少人如她一样，为名声利益和物质财富迷失了自己？原本清澈的生活，在争的搅拌下变得混沌不清，日子也过成了煎熬？

有人曾说："浮躁这种情绪具有虚妄性、情绪性、盲动性相交织的特点，属于一种病态心理，它往往会让人失去正确的方向，让梦想无法成为现实。"其实，浮躁让人失去的不只是正确的方向，还有宁静的日子。原本，追求更好的生活没有错，可若是心太急了，追赶着自己无法企及的节奏，就是不切实际了。更糟的是，一旦心浮躁了，难以控制情绪的时候，原本美好的事情，也会朝着不利的方向发展。

没有一颗宁静的心，生活处处都是慌张的死角；习惯了处处与人争，时时想做佼佼者，痛苦折磨的始终是自己。争强好胜，逐名追利，不是真正有价值的生活。很多时候，人生需要舍得和放下，放下了心中的石头，才不会荡起涟漪；放下了争强好胜，才能保持内心的宁静与平和，换来清新的生活。

漫漫人生路，女人要努力使自己的内心平和而不动荡，宁静而不浮华，专注而不躁动，博学而不粗鄙。就如一位教育家所说的那样，“我们要用平平常常的心态、高高兴兴的情绪，快节奏、高效率地多做平平凡凡、实实在在的事情。学会把平凡的、实在的事情做得有滋有味、有声有色、如诗如画、如舞如歌”。

## 你静了，岁月就好了

琴瑟相伴，岁月静好，世间不知有多少女子都在憧憬着这样的画面。只可惜，生活犹如一条河流，时而平静，时而奔涌，波澜不惊的日子总是会被突如其来的意外打破，大到事业、工作、婚恋，小到为人处世、日常起居，当女人被这些烦心事包裹起来的时候，就会不由自主地躁动起来，觉得全世界都在跟自己作对，看什么都充满了厌烦。

夏梦心烦意乱地翻阅着桌子上的一大堆文件，电话那端又传来老板索命般的声音，追问着项目的进展情况。连日来的闷热天气，让夏梦头痛欲裂，情绪极度紧张，皮肤也因精神压力过大泛起一片片红疙瘩。眼前的工作如同一团乱麻，惹得夏梦只想发飙。下属们看见她，都像是受了惊吓的小鹿，不敢大声说话，生怕不小心惹怒了她，给自己带来麻烦。

中午休息时，夏梦在洗手间意外听到下属们在偷偷议论她。

“哎，你有没有发现，夏梦最近有点不正常呀？整天吊着一张脸，动不动就发火，不会是婚姻出问题了吧？遇见这么一个神经兮兮的主儿，弄得我们也特累。”

“是呀，整天提心吊胆的。可能是老板催得紧吧，她压力也很大。话说回来，谁的压力不大呢？总得想办法自己调节吧，总拿身边的人撒气就有点儿说不过去了！”

一语惊醒梦中人。夏梦知道自己最近情绪不好，主要就是项目上没什么进展，有些原本答应合作的客户，不知何故非要取消合约。这次的推广方案是自己策划并实施的，如果推广成功的话，她很有希望晋升为分公司的经理。她太在意这次升职机会，也很在意老板对自己的看法，心里也就不免焦躁了，失去了往日的镇定与从容。这种急迫感让她经常烦躁不安，大发脾气，先生也说她最近说话都带着“火药味”。

带着沉重的心情回到办公室，夏梦决定甩掉这种令人生厌的精神状态。她把办公桌彻底整理了一番，心绪顿时觉得没那么杂乱了；她又打理了一下那盆多日没有浇过水的绿萝，而后拿出久违的印花小瓷杯，给自己泡了一杯沁人的绿茶。在茶香中，她开始反思自己最近的状态：“何必这么为难自己、为难别人呢？能升职固然是好事，不升职又何妨呢？”

静心细想，她顿时觉得心里轻松了不少。她试着放下那些沉重的枷锁，放松情绪，品尝着那杯上好的绿茶，让自己沉浸在置身事外的宁静中。待思绪平稳后，她像往常一样写下手头要做的工作，标出轻重缓急，开始有条不紊地着手进行。

其实，夏梦那天的工作任务繁重，但没想到在临近下班时竟轻

DIARY

松完成了，难得不需要加班。到了下班时间，她收拾好东西走出办公室，心里涌出了昔日那种小有成就的喜悦感，脸上也泛起了笑容。她笑着跟同事打招呼告别，大家都觉得很奇怪，有的人还悄悄议论，以为夏梦遇到了什么喜事。

接下来的那段时间，夏梦一直不断地提醒自己，要保持一颗宁静的心，不能被升职的念头束缚。有意思的是，当她不那么在意这件事的时候，一切居然开始朝着好的方面发展。下属的执行效率高了，项目有了明显的进展，老板对她也更加重视了。

从这件事里，夏梦也悟出了一个道理：岁月静好不是一种生活状态，而是一种心境。不慌不躁，心想事成并不是太难的事，只要你熬得起、忍得住，一步一个脚印地走，抵达终点是迟早的事。可是，一旦心浮躁了，难以控制情绪的时候，原本美好的事情，也会朝着糟糕的方向发展。越是身处浮躁之中，越要保持内心的宁静，没有一份沉稳、踏实做事的心态，急躁沉不住气，即便目标再高远、理想再崇高，也不过是水中花、镜中月。

有句话说得好："心静，万物莫不自得。"每天抽出一点时间来思考自己的心情变化，把它记在日志本上，时间长了，你会发现自己每天的情绪起伏，强化保持心情平静的动力。

当你感觉自己无论如何也难以静下来的时候，试试用冷水洗脸，降低皮肤的温度，消除急躁的感觉。

人生真的不必太急功近利、患得患失，将脚步放慢一点儿，让心灵放松一点儿，以从容的姿态去坚守梦想。很多时候，你静了，岁月就好了。

## 人生苦短，别总用来生气

女作家冰心说过："不是每一道江河都能流入大海，但不流动的一定会成为死湖；不是每一粒种子都会成为参天大树，但不生长的种子，一定会成为空壳；活着，是生命的一种形式，而微笑则是生命中最美丽的花朵。比如蒙娜丽莎的微笑，笑颜如花，灿若朝霞。"

真正的美，从来都不是金玉其外，而是内里的绚烂。一张洋溢着微笑的脸庞，永远比愤怒的面孔更令人动容。脾气会泄露女人的修养，一个装扮得再华丽的女人，若开口就是粗暴的言辞，为了微不足道的小事斤斤计较、不依不饶，那份外表的美很快就会黯然失色。她那谩骂指责和狭隘刻薄的姿态，就已经告诉世人，她的内在是多么浅薄。

优雅的女人不是没有脾气，而是在任何时候都懂得控制自己的情绪。她知道，人生苦短，耗费时间和精力去生气是一种愚行，乱发脾气，乱了心绪，会让青春的容颜消逝得更快，且最终伤害的还是自己。面对那些阴风浊浪、冷漠嘲笑，她宁愿选择一笑而过。

其实，静下心来想想：人生在世不过几十年，为什么非要让愤怒占据自己的内心呢？

有则关于兰花的故事，想必你也听过：一位禅师酷爱兰花，在弘法讲经之余，花了很多时间和精力栽种兰花。一次，他打算外出云游半月，便将兰花交付给弟子，嘱咐他们悉心照料。弟子不敢有丝毫怠慢，即便如此，还是有一个小师弟在浇水时失手将兰花架碰倒了。花盆碎了，兰花散落一地，弟子们吓得大惊失色，忐忑地等着师父回来后领罪受罚。

谁知禅师回来后，并没有怪罪任何一位弟子，反倒开导他们说：“我种兰花，一是希望用来供佛，二是为了美化寺院环境，不是为了生气而种的。”

不是为了生气而种兰花，多么美妙而睿智的解释啊！禅师酷爱兰花，心中却没有兰花这个障碍，所以兰花的得失并未影响他的情绪。

生活中，当你失去了心爱之物，被人辜负和伤害，遭受误会和不解时，你能不能也这样告诫自己：“我不是为了生气而工作的”“我不是为了生气而交友的”“我不是为了生气而结婚的”……当你这样想的时候，愤怒的情绪就会被抚平，化作一团安详。

炎热的夏天，拥挤的公交车上，一对恋人站在后面的车厢。为了避免其他乘客挤到自己的女朋友，男孩用手臂围挡在她的腰上。他轻轻地问：“累吗？待会儿想吃什么？”

可能是车里太闷太热，女孩一脸的烦躁，没好气地说了一句：“随便吧，别问我了！就那几样东西，能有什么新鲜的？”

碰了钉子之后，男孩一脸无辜地低下了头，小声说道：“不就是问问你嘛，想让你吃点儿喜欢的东西。你工作上那些事我帮不上忙，能做的也只有这些啦！”

听完这话，女孩也觉得有点愧疚，后悔自己刚刚发脾气。想想这几年他对自己的好，涌起一阵心酸。她对他说：“对不起，不是针对你。”

他笑了，温柔地说了一句：“没事儿。我跟你在一起，又不是为了生气。”

生命如同一场奇异的旅程，有愿才会有缘，如果无愿，即使有缘的人也会擦身错过。两个人在茫茫人海相遇相知相恋，多么可贵的一件事，为何要生气呢？这一生，能有这样的人，包容接纳你所有的好与坏，是多么难能可贵的幸福！既然我们连陌生人都可以迁就，都可以忍让，为何要向最亲的人动怒呢？

再退一步说，生气这件事情本身对自己也没什么益处。美国生理学家爱尔玛为研究生气对人体健康的影响，做过一项简单的实验：把一只玻璃试管插在有冰有水的容器里，然后收集人们在不同情绪状态下的“气水”。结果发现：同一个人，当他心平气和时，所呼出的气变成水后，澄清透明，没有任何杂色；在悲痛时呼出的“气水”，有白色沉淀；悔恨时呼出的“气水”呈淡绿色；生气时呼出的“气水”则有紫色沉淀。

接着，爱尔玛将人生气时呼出的“气水”注射在小白鼠身上，只过了几分钟，小白鼠就死了。通过分析，他得出结论：如果一个人生气10分钟，所耗费的精力不亚于参加一次3000米的赛跑，且人在生气时很难保持心理平衡，体内还会分泌出带有毒素的物质。

对每一个女子来说，要达到超然于世、不喜不悲的境界，是不现实的。做一个优雅的女人，不代表没任何脾气，而是要不断锤炼自己的胸怀、控制情绪。女人之美有3个层次，一是美丽，二是魅力，三是心境。唯有秉持一颗平和豁达的心，才能渗透出一份气定神闲的优雅气质。

## 吵闹解决不了任何问题

女人对事物的细腻与敏感度，往往比男人表现得更为直接，因而被贴上了“感性动物”的标签。感性不是错，它让女人充满了浪漫的情怀，富有怜悯善良之心，给世界增添了一丝温暖与柔情。

与此同时，感性也容易让女人在处理问题时出现偏差，比如习惯凭直觉办事，尚未弄清楚事情的来龙去脉就妄下结论，遇到突发事件无法迅速冷静下来，往往会跟着失控的情绪走，把事情弄得一塌糊涂，伤了别人也伤了自己。

在感情的世界里，最容不下的莫过于欺骗和背叛了。当全心全意的付出换来的是他爱上了别人，所有的海誓山盟都变成了过去时，没有哪个女人会不觉伤心和愤怒。面对这样的情形，该怎么办？

结婚不过才2年，岑娜就发现丈夫竟然跟前女友还有来往。恋爱时，她问过他很多次，是不是全心全意跟她在一起，答案都是肯定的。正因为此，她才接受了他的求婚。没想到，那个最终没有得到的前女友，还是像噩梦一样出现在了她的婚姻里。

岑娜满腹委屈，她没有直接打电话质问丈夫，而是偷偷加了女方的微信，以洽谈合作的借口约对方见面。见面后，她失去理智，把果汁泼到对方的身上，当众羞辱对方破坏自己的家庭。看到对方掩面离去，她才觉得消了一口怒气。

丈夫下班回来后，满脸阴沉，奇怪的是，他并没有指责岑娜。依照岑娜的预想，他要么应该大发雷霆，要么应该是低头认错，而不该是这个样子。她试探性地询问原因，听到的却是一个晴天霹雳：丈夫的前女友，她用果汁“教训”过的那个女人，竟然吞服了安眠药，幸亏送医院及时，没酿成悲剧。更让她震惊的是，那个女人并不是为了错位的感情而轻生，她去年患了尿毒症，情绪一直很不稳定，丈夫跟她联系也不过是从同学那里听说了这件事，站在故交的立场上关心一下。

庆幸的是，眼下丈夫似乎还不知道自己找过那个女人，而对方也没有告诉外人，但这件事成了岑娜心里的一个死结：告诉丈夫，他会怎么看自己呢？若是不说，将来有一天他知道了，自己又该如何解释呢？想了许久，她在微信上给对方发了一段心里话，反省自己的鲁莽和冲动，也为自己给她造成的伤害道歉，恳求对方原谅。

仅凭盲目的猜疑就去伤害别人，把所有的情绪都发泄到对方身上，甚至不惜毁掉别人的声誉，这样做有用吗？吵闹，解决不了任何问题，只会让情况变得更糟。当一个女人失去了理性，变得歇斯底里，再怎么喜欢她的人，都会敬而远之，甚至决绝地离开。

想成为有品位、受尊重、能掌控生活的女人，要有一颗柔软而冷静的心，遇到问题时静下心来想一想，力求用最温和的、最有效的方式去处理。无论结果如何，至少这样的表现能够保留住自己和他人的尊严，哪怕是分开，也要优雅地说再见，留下美丽的倩影。

S的先生独自经营着一家公司，早出晚归，工作很忙。S很细心，在生活起居上把先生照顾得很好，婚后的两人相濡以沫，从未有过什么波澜。

随着公司的规模不断扩大，一些风言风语传进了S的耳朵里。有人告诉她，先生跟公司里的女秘书走得很近，让她多留心。她觉得这都是捕风捉影，先生不可能那么做。直到有一天，她无意中看到了先生手机上的短信，才知道那些传言竟是真的。

她没有吵闹，也没有指责，先生心知有愧，主动说出了他和女秘书之间的事。其实，是女秘书对他心生爱慕，那次出差，他跟客户喝多了酒，一时情迷犯了错误。女秘书是一个不要承诺、不要回报的优秀女孩，长得也漂亮，他实在难以抗拒，但不是爱。他的内心，也希望女秘书早点找到自己的幸福。

她能理解。纵然先生心里爱着自己，可面对外面的诱惑，难免会动心。可是，该怎么做呢？她把自己反锁在房间里，认真思考着他们的婚姻。没错，他们的生活看起来很幸福，可平静的表面下却暗潮汹涌，而这一切都怪她平日里太疏忽了，忽视了对先生的关注。

她决定独自见见那位女秘书。见面那一刻，没有歇斯底里，也没有谩骂侮辱，她们都只是安静地审视着彼此。女秘书说："我知道，他心里没有我。在这场争夺战里，我一直都是个失败者。"她回应道："你是个好女孩，应该有一个真心实意爱你的人。爱一个人，有时不一定要拥有他，而是要他能够幸福。现在，他有一个完整的家，我希望你能让他享受这份温暖而平静的生活。”

几天之后，女秘书主动提出辞职，她和先生的关系也缓和了。先生面带愧疚地对她说：“对不起，是我错了。我也要谢谢你，为我保全了这个家。”

一个在捕风捉影中歇斯底里，一个在铁证如山面前淡定从容，身为旁观者，我们也不禁会为后者的智慧与修养啧啧称赞。多数人都吞咽过冲动的苦果，原因就是仅仅专注于失去理性的“那一刻”的感受，深陷于“那一刻”的情绪里无法自拔，武断专横不计后果，无中生有放大痛苦，把原本不严重的事情闹得无法收拾。

不是每个人生来都有冷静理智的头脑，要在受到刺激时控制住情绪，让理智盖过冲动，需要后天的学习和修炼。最简单有效的办法就是，在刺激和回应之间按下“暂停”，跳出当时的情绪，停下来思考：事情是这样的吗？我这么做能解决问题吗？会不会于事无补，或者把事情越搞越糟？有了这宝贵的暂停时间，内心深处的理性就会被唤醒，从而使我们避免做错事和傻事，让人生少留一点儿遗憾。

## 少一点较真，多一点平和

一对青年男女走进了街头的婚纱店，想预约一套精美的婚纱写真。新郎文质彬彬，气质沉稳，新娘高贵大方，美丽动人。见惯了俊男美女的店员们，在看到这对新人的时候，依然不约而同地说道：“太般配了！”

新郎是个细心的人，对婚纱照问了很多问题，一看就知道事先做了不少功课。毕竟，在多数拍照的新人里，通常都是新娘显得更关心，像这样温柔细致的男人确实不多见。两人在拍照时表现很好，出了不少精彩的照片。取件的时候，他们告诉店员，说婚礼马上就要举行了，脸上洋溢着幸福的微笑。

婚纱店有一项活动，但凡在这里拍照的新人，可在结婚当天免费提供礼服。新娘执意要穿两套婚纱，两套晚礼服，店员说婚礼时间有限，有可能穿不过来。谁料，新娘当场就沉下脸来，质问店员是不是不愿意提供，接着愤愤地离开了婚纱店，让在场所有人大吃一惊。之前看起来文文静静的女孩子，怎么一下子变得如此暴躁？新郎连忙跟店员道歉，说改天再来。

然而，那天之后，他们再没有出现过。

到了取礼服的前一天，店员照常规打电话给新娘，再次确认有关礼服的事宜。谁料，新娘在电话那端歇斯底里地吼了起来，说确定不了时间，人都消失了，还怎么结婚？店员听得目瞪口呆，只好说了声抱歉，匆匆挂断电话。

原来，自打那天他们从婚纱店离开后，就一直不停地吵架，起因全是有关结婚的一些小事。新娘觉得这是自己一辈子的大事，必须有一个华丽的、完美的婚礼。新郎觉得婚礼只是一个仪式，不必太过铺张浪费，她对婚礼的要求太高了，对许多细节的问题更是小题大做、吹毛求疵。

起初，新郎还很有耐心地迁就她，说明自己的看法，新娘却变本加厉，动不动就大发雷霆，到最后新郎忍不住爆发了，提出分手。这时，新娘才意识到自己做得有点儿过分了，四处找新郎，可对方不接电话，也不曾回家。一段美好的爱情童话，就这样被她的吹毛求疵和坏脾气毁掉了。

为了一点小事斤斤计较、任性叫嚣、肆意发火，着实不是一件好事。凡事太过较真，不仅影响周围的人际关系，也会把自己推向一个不可理喻、毫无修养的位置上。生活中有太多需要花费精神和气力的大事，经常被琐事搞得垂头丧气，不过是夸大了那些小事的重要性，实则未曾懂得什么才是真正的生活。

若不是那一场病，她至今也许还不能够清醒地认识到，自己曾经浪费了多少的时间和生命，给身边的人制造了多少不愉快和伤害。直到那天，她看到诊断书上赫然出现“肿瘤”二字时，强势苛刻的她彻底向生活举起了白旗。

她不停地在脑子里想：我还能活多久？我还能做点什么？若是真的离开了，女儿该怎么办？丈夫能不能照顾这个家？……越想越怕，越想越难受，越想越后悔。如果知道生命这么脆弱，定不会整天唠叨丈夫、斥责女儿，也不会嫌弃婆婆啰唆麻烦。

所幸，她的肿瘤是良性的，不会危及生病。住院期间，婆婆在家里照顾女儿，丈夫请假到医院24小时陪护。过去的生活一一浮现在她眼前，那些曾经让她烦忧过的事情历历在目：没钱买房子，没钱买车，为了芝麻点儿的事情和丈夫吵架……然而，当自己躺在医院的病床上，再看那些曾让自己头痛不已的事情，却显得那么微不足道、那么荒谬；她的生气愤怒、苛责埋怨，也显得那么无聊和无理。她摇摇头笑了，笑自己冲动狭隘，笑自己不懂珍惜。

习惯对不起眼的小事较真，并将其主观放大化，往往是没有经历过生死的考验，没有经历过更加糟糕的事情。狄斯雷利说过：“生命太短促了，不能再只顾小事。那些琐碎的事情远非生活的主旋律，它们根本无足轻重。与你的生命和快乐相比，任何事都是不足挂齿的。”

每个人的内心深处都存在理智与情感的斗争。心平气和的优雅女人，并非都是与生俱来的好脾气，只是她们更懂得自我控制，不会任凭情绪支配自己的言行。已六十有余的赵雅芝，如今看上去依旧华贵端庄，是多少人心中的不老女神，也是优雅女性的代表。她曾说：“人生有很多事情就像注定的一样，都是偶然的，但又是躲不掉的。

我不知道为什么还会有那么多人觉得我依然美丽。其实我想，美丽就是一种平和、自然的心态。”

一个内心丰富、修养深邃的女人，必然是一个懂得控制情绪、心境平和的人，能够超脱地看待一切，宽容地对待所有，不会轻易对周围的人发脾气，更不会把别人的迁就当作任性的筹码。也许，在岁月面前，我们无法战胜必然的衰老；在生活面前，亦无法逃脱琐事的纠缠，但我们可以选择收敛自己的情绪，在平和与淡然中接纳生命的规律，善待自己，善待他人，善待生活，成为一个花开不败的女人。

# 嫉妒是插在心上的一根刺

医学心理学家曾经做过一次情绪实验：把一只饥饿的狗关在一个铁笼子里，然后在铁笼子外面也拴上一条狗，并给笼外的这条狗喂些肉骨头。结果，笼内的狗在急躁、气愤、嫉妒的消极情绪状态下，产生了神经症的病态反应。由此，医学界把嫉妒情绪称为“心灵肿瘤”。

嫉妒是一种复杂的情绪，总是用别人的“好”来折磨自己。看到别人往前走，就认为自己在后退，任由敬畏、屈辱、自卑、恼怒的情绪撕咬内心。你不如她时，她会软言相慰，做一个善解人意的朋友；你比她好时，她就迷了心智，把所有的错都加在你身上，甚至希望你走一点“霉运”。就像鲁迅先生说的拖人下水的办法：“我不行，而他和我一样，大家活不成，拉倒大吉。”

是别人真与她有什么过节吗？是别人侵入了她的世界吗？没有。她的生活变得一塌糊涂，她的情绪跌宕起伏，与别人毫无关系。真正让她陷入困境的，是她看到别人的幸福而产生的嫉妒，那就像一根刺一样深深地插在心上，让她疼痛，让她怨恨。

当一个女人开始嫉妒别人的时候，她便与优雅美丽无缘了。你看，那难以掩盖的尖酸刻薄，那语气中透出的怨恨与悲哀，字字句句都在贬低着别人，不自觉地用否定对方的方式来提高自己。可惜，这不过是自欺欺人，欲盖弥彰只会让人显得更浅薄。

刘忻是一家IT公司的技术顾问，在男多女少的工作领域中，漂亮出众的她自然就成了焦点人物。在公司3年多，她已经习惯了这种众星捧月的感觉。后来，技术部门新进了一个90后女孩M，长相甜美，性格外向，爱说爱笑，很快就跟办公室里的同事熟络了。这让刘忻产生了强烈的失落感，并萌生了嫉妒心。

当同事夸M性格好时，刘忻却冷冷地说，她整天疯疯癫癫的，说话没轻重，明显是缺乏教养。当M有事向刘忻请教时，她一改往日亲和的模样，摆出一副不耐烦的样子，言语里夹杂着不屑。渐渐地，同事也感受到了刘忻对这个新人的敌意，并看到了她尖酸刻薄的一面。面对故意挑刺的刘忻，同事自然会为无辜的M辩护，这让刘忻更加嫉妒M，变得脾气暴躁，古怪多疑，说话总是阴阳怪气的，直接影响了她在公司里的人际关系和工作。

英国哲学家培根说：“嫉妒这恶魔总是暗暗地、悄悄地毁掉人间的好东西。”嫉妒毁掉了刘忻和同事的融洽关系，将来还有可能会毁掉她的事业前程。虽说每个人或多或少都存在一点嫉妒心，但就刘忻这样的情况来说，未免有些太过了。

面对这根毁掉女人所有美好的毒刺，有没有什么办法能将它拔掉呢？

一位颇有生活情趣的女士，家里养了几只猫。这些猫很受宠爱，过着幸福优越的生活。后来，朋友送了她几盆花，她给这些花都取了名字，每天施肥浇水，勤加管理，还买来各种有关养花的书籍，一边看一边实践。不久后，它们竟然开出了几朵漂亮的花。

女士很开心，就请自己的好友来赏花。当客人们落座后，她将一盆自认为最好的花放在茶几上，指着花对客人们说起自己的养育心经。

就在这时，令人意外的一幕发生了。她平日最喜欢的一只猫咪，耳朵用力向后背着，冲到花盆前，用锋利的爪子猛打花朵。由于事发突然，女士未能及时制止猫咪的攻击行为，以至于让那盛开的花遭了殃。

大家还没反应过来是怎么回事，那猫咪突然停止了进攻，坐在被打坏的花前，看看大家，又看看那花，似乎也知道自己犯了错，朝着主人“喵喵”地叫了起来，像是在承认错误。此时，女主人笑了，也猜出了猫咪的心思。

原来，每次家里来客人，她都会向人夸耀自己的猫咪。这次，她却冷落了猫咪，把那盆花当作了焦点。这样的举动伤害了猫咪的自尊心，也引起了它强烈的嫉妒，让它情绪失控捣毁了那盆花。

所有人都没想到，猫咪竟然也有这样的举动，真是让人哭笑不得。自那以后，女主人每次再请人来赏花，就把猫咪抱在怀里，先对大家夸几句猫咪，然后再说关于花的事。如此这般，便再没有发生过之前的情况。

有时候，用对待猫咪的这种方式来处理人的嫉妒心理，也不失为一剂良方。当你发现自己嫉妒某位女性的时候，不妨先在心里肯定一下自己，看清自己的长处，嫉妒的感觉就会逐渐减弱；若是自己被别人嫉妒了，那不妨适当地称赞一下对方，帮她强化自身的优势，削弱她的嫉妒心。

人生还是多点淡定和豁达吧！没有了嫉妒心，生气和愤怒也就成了无本之木；没有了嫉妒，生命才能更加从容自如。愿你放下嫉妒，自此喜悦快乐。

# 第四章

## 女人一辈子<br>最大的精彩是独立

无论是春风得意，还是贫困潦倒；无论是在熟悉的地方，还是陌生的环境；无论面对的是至亲至爱，还是残酷冷漠、比你优越强势的人，都要做一个自尊自爱的独立女人。

## 不要把婚姻当成一条退路

一位年过四十的台湾女士，说起自己的婚姻史，眸子里闪出了泪光。

她18岁就结了婚，婚后生了3个孩子，如今大女儿已经18岁。去年离婚后，她带着女儿在美国生活，两个儿子跟随前夫留在国内。谈及自己目前的生活状态，她深叹一口气，说："女儿18岁了，从法律上来说，我前夫可以不再付赡养费。但我高中毕业就结了婚，从来没有出去工作过，没有学历和经验，在这个社会上很难找到立足之地。我现在每天晚上在别人的商店里做两个小时的清洁工，一个月赚两三百美元，连房租都交不起。说起来都不好意思，我还要经常向父母开口借钱维持生活。"

想起少女时代的自己，她的眼神里透出一丝光芒。当年的她很有绘画天赋，还拿到了纽约大学的奖学金，但只读了一年，她就接受了丈夫的求婚。当时，丈夫在台湾，家里很有钱，她不懂婚姻，完全是被浪漫的爱情燃烧了内心的激情，以为嫁给了这个爱自己的男人就什么都不用操心了。她甚至在想，读那么多书不也是为了将来找一张“长期饭票”吗？既然眼前有这样一个人选，还等什么呢？

很快，她就跟他结了婚，并为自己顺顺当当找到了归宿而自喜。然而，婚后她才彻底明白，原来婚姻生活根本不是自己所想的那样，当昔日的浪漫褪去，只剩下平淡的柴米油盐、一日三餐后，他们经常为了一些琐事争吵，直至走到离婚的境地。她后悔自己轻易地选择了婚姻，更后悔把婚姻当作人生的退路，若是当初能坚持读完书，做一个独立的人，或许就不会像现在这般狼狈了。可时光再也回不到从前，她也无法从头来过。

婚姻不是一劳永逸的事，不是有最初的爱情就能一辈子幸福，生活有太多的未知和意外，也许是天灾，也许是人祸，都可能会让爱情走样。在不知婚姻为何物时，就懵懵懂懂地走进婚姻，稀里糊涂地放弃自我，把一辈子的生活寄托给婚姻，试图用青春和未来谋取一张“长期饭票”，这是她的选择，也是她的悲剧。

现实中还有许多女人，潜意识里把婚姻当成了退路。在疲惫不堪的时候，厌倦打拼的时候，走投无路的时候，就想找个人把自己嫁了，如此人生的苦难就多了一个人分担，日子也能够换一种方式继续下去。看起来似乎没什么不妥，但其实这是对爱情的亵渎，也是对自己和他人的伤害。

婚姻不是交易，你用青春做筹码，他用金钱来换取。婚姻是一种生活方式，需要爱情做基础，更需要智慧去经营，但它不是消灾解难的灵丹妙药，更不能作为逃避奋斗、获得安逸的手段。婚后太阳一样会照常升起，该操劳、该烦恼的事情一样也不会比从前少，当生活出现变数时，压力甚至会比从前更大，到那时，又该去哪儿寻找后路？

女人最大的退路不是婚姻，而是从精神到经济上的独立。有了精神上的独立，就不会总想着寄托于谁，依附于谁；有了经济上的独立，就不会因为钱和谁在一起，也不会因为钱而离开谁。当她站在所爱的人身边，无论他富甲一方，还是一无所有，她都敢张开双手坦然地拥抱他。他若富有，她不觉得自己高攀；他若贫穷，彼此的生活也不至于落魄。

当年，内地的一位女演员风风光光地嫁入豪门，着实引起了一番轰动，甚至有人传她所嫁之人是地产商的儿子。然而，就在婚后的第二年，这种传言便被打破了。她的豪门丈夫生意接连受创，陷入了一连串的债务风波中，面对众叛亲离的现状，他陷入抑郁中，每天要服用大量的安眠药和镇痛药。

这样的状况持续了很久，一直未见好转，且有愈演愈烈的趋势。丈夫的精神状况也受到了影响，时常会情绪失控，胡言乱语着砸东西，甚至用杯子砸自己的头。在这样的情形下，这位年轻美丽的女演员没有选择离开，而是想尽各种办法帮助丈夫戒掉药物依赖。那段时间，她虽有孕在身，却依然拉着丈夫去散步、打球、拜佛，请朋友陪他聊天，故意找话题让他说话，从细微的小事上帮他重建信心。

对所做的一切，她是这样的说："我想，只有我们俩都在，才是一个完整的家。财富名利都可以不要，我只求能保住他，保住这个完整的家，努力重修幸福。"在她分娩那天，丈夫出现了严重的戒断反应，生完孩子体虚的她，坐着轮椅去找他，安慰他、鼓励他。

渐渐地，丈夫的情况出现了好转，为了巩固他的疗效，她带他到欧洲旅行散心。如今，丈夫已彻底痊愈，重新做起了小本买卖，时常带着两个孩子出游。而她，事业比从前做得更好，呈现在屏幕中的傲骨贤妻和独立女性的角色，简直就是她的本色出演。

经历了那么多的波折，她的脸上不曾写下一句抱怨和沧桑，周身却多了一份大气和有底蕴的魅力。提起她所做的一切，丈夫说："别人都是嫁入豪门，而她是嫁给了我，只身撑起了一个豪门。"

在爱情里，最优雅的姿态也许就是这样——你给我爱情就好，面包我自己买。这不是说在择偶时彻底忽略对方的物质基础，只是要在内心树立一个信念，不为金钱物质而牺牲爱情，也不为寻找退路而选择婚姻，以一份独立的姿态去享受爱情、走进婚姻。毕竟，想借助婚恋做跳板来实现做一只金丝雀的梦想，以改变生活和命运，有很大的风险和不确定性。女人最大的、最可靠的退路，永远只有两个字：独立！

## 长成一株木棉，伫立在他身旁

一场浪漫的婚礼上，父亲把女儿的手交给了新郎，语重心长地说：“现在，我把她交给你了，也把她一生的幸福交给你了！”新郎诚恳地答道：“我会用自己的生命来爱她。”这番对白，是婚礼上最为动情的一幕，甚至超越了夫妻间宣誓的情节，因为它饱含了血浓于水的亲情，还有世间最可贵的信任。

3年后，婚礼上的那位新郎因工作需要到国外做项目，一走就是2年。而曾经在婚礼上美丽娇艳的新娘，却要在每天忙碌之后面对空冷的房间，她无力承受寂寞，更无力独自承载生活。再后来，两人友好地分手了，幸福的希望也就没有了。

现在想来，父亲的那个心愿，也许只是一个美好的愿望。一个女人的幸福，怎可轻易寄托于对方？人生无常，倘若有朝一日离开这个人，是否真的就无法独立地继续美好生活？往往，婚姻的不幸、爱情的失败，其症结都是一方把自己全然交给了另一方，奢望对方给予一辈子的幸福，把自己当成了依附于对方而存在的生命体。

婚恋之中最好的关系，莫过于亦舒在《致橡树》中所说："我如果爱你，绝不学凌霄花，借你的高枝炫耀自己；我如果爱你，绝不学痴情的鸟儿，为绿荫重复单调的歌曲……不，这些都还不够。我必须是你近旁的一株木棉，作为树的形象和你站在一起。根，紧握在底下；叶，相融在云里……我们分担寒潮、风雷、霹雳；我们共享雾霭、流岚、虹霓。仿佛永远分离，却又终身相依，这才是伟大的爱情。"

比肩而立，各自以独立的姿态深情相对的橡树和木棉，否定了老旧的"青藤缠树""夫贵妻荣"式的以人身依附为根基的两性关系，超越了牺牲自我、只注重于相互给予的互爱原则。女人不是任何人的肋骨，也永远都不能泯灭自己的独立性，要有自己的思想，有自己的骄傲。

美国女作家玛格丽特·米切尔，生来就有一种反叛的气质。成年后的她，由于一时冲动，嫁给了酒商厄普肖，但这段婚姻很快就以失败告终了。若说是厄普肖的冷酷无情、酗酒成性毁了这段婚姻，未免有点太过偏颇，因为当时的玛格丽特在婚姻爱情观上也存在缺陷。她真的太迷恋厄普肖了，完全就是一副仰天崇拜的姿态。正是如此卑微的爱，助长了厄普肖的狂放不羁，让他对玛格丽特越来越不在乎，言行也变得肆无忌惮。

失败的婚姻带给了玛格丽特伤痛，却也带给了她思考，让她明白了女人应该以什么样的姿态出现在婚恋中。之后，她重新振作起来，并与记者约翰·马什结婚。也许是真的大彻大悟了，玛格丽特打破了当时的惯例，在门牌上写下了两个人的名字，她说："我要告诉所有人，里面住着的是两个主人，他们是完全平等的。”更令人惊讶的是，她坚决不从夫姓，这让守旧的亚特兰大社交界大为惊讶。

幸好，约翰·马什和妻子的婚姻观很相似，提倡男女平等。他一直支持和深爱玛格丽特，在他的鼓励和支持下，玛格丽特开始默默从事她所喜欢的写作。10年之后，《飘》正式出版，玛格丽特一夜成名。

同是女作家的张爱玲，也是吃尽了爱情的苦，到头来却没能像玛格丽特一样彻悟，重获幸福。不是她缺少运气，而是她爱得太过卑微，用她自己的话说：“女人在爱情中生出卑微之心，一直低，低到尘土里，然后，从尘土里开出花来。”

她爱胡兰成，因而觉得他高贵伟岸，觉得他是世间最好的男子，无人能及。遇到了他，她一次次地放低自己，把自己视为一朵渺小的花。他若看到了，她便心生欢喜；他若没有低头，她便永远地埋在尘土里。那个充满才情、冷傲倔强的灵魂，在爱情面前失去了所有的飞扬与高贵，在小心翼翼中患得患失，生怕哪里做得不好而失去他。她从上海跑到温州，低眉顺眼地坐在他跟前，只为听他说上五六个小时的话。她的低微与狂恋，让胡兰成胜券在握，赞美她的时候也在赞美着其他女人，与她在一起时也偷偷地与别人密会。

在这一场爱情的对决中，张爱玲输了。她输掉的不仅仅是所爱之人，还有那一颗高贵的心灵和从容独立的姿态。爱到卑微，并不是一件伟大的事。卑微换不来爱情，也换不来平等与尊重。当一个女人爱到失去自我，在感情里呈现讨好的姿态，换来的只有冷淡和忽视。越是乞求，越会加速他离开你的步伐。

真正懂得爱的女人，无论跟谁在一起，都不会做凌霄花和缠树藤，她只会长成他身边的一株木棉，与他相偎相依，却又相互独立，一起成长，一起繁华，一起向上，一起老去！这样的爱令人钦佩，这样的女人也更值得珍惜。

## 若非必须，不要轻易放弃工作

2009年，英国首相布莱尔夫人接受“网易女人”的采访，在谈及“女人和幸福”这个话题时，她说：“良好的教育能让一个女人活得更轻松，走得更远。一个女人，你永远不知道生活前方等待你的是什么，永远都要记住一点，能养活自己至关重要。”

布莱尔夫人的观念，很大程度上受其母亲的影响。她的母亲原本有一份不错的工作，后来祖父生病需要人照顾，她迫不得已只好回归家庭。那个年代，工作的机会并不多，母亲又没有太多的知识，放弃了就等于彻底失去。后来，母亲便把希望寄托于布莱尔姐妹身上。这样的变故，让布莱尔领悟了一个生活真谛：女人想要好好地生活在这个世界上，必须拥有一份可以养活自己的工作。

一个女人可以不够漂亮，也可以不够聪明，甚至可以不够温柔，但一定要能够自食其力。工作是女人安身立命的条件，也是人生幸福的重要保障。无论到什么时候，伸手向别人要钱的情景，终究不如喜欢什么自己买那么自由和洒脱，即便那个人是你的父母或爱人。

某著名高校中文系的研究生，临近毕业时与相恋3年的男友步入婚姻的殿堂。毕业后，她和别的同学一起在熙熙攘攘的人才市场大海捞针一样寻找合适的工作，她这才意识到，找工作比她想象中艰难得多。

周围的朋友就劝她：“你的老公赚得不少，你何不在家做个全职太太？”连日的奔波让她觉得疲惫，想想都觉得委屈，一气之下她干脆放弃了找工作计划。

刚开始，她还觉得日子悠闲自得，时间长了，就待不住了，各种失落和空虚袭击着她，她觉得自己过得很不快乐，脾气也越来越大。她问自己：“这就是我要的生活吗？如果只是为了当全职太太，我读书做什么呢？既然有能力为自己的生活负责，为什么要做一个废弃的躯壳呢？”此后，她又踏上了求职之路，并在一家广告公司找到了合适的工作。虽然上班比较辛苦，可她心里却很踏实。她说：“在这个社会上打拼奋斗是有些累，可我心里不会再像海浪一样来回漂浮。”

是的，工作于女人而言，是谋生的手段，更是享受生活的载体。你未必非要成为女强人，或是打拼出多么辉煌的事业，这份工作可以简简单单，只要尽心尽力去做，能凸显出你的个人价值，让你了解外面的精彩世界，就足够了。若有资质和条件，在此基础上去谋求更好的发展，当然更佳。

身边有一位80后女友，已是两个孩子的妈妈，前年移居到新加坡。家境优越的她，在事业上做得也很成功，可谓是结婚生子、升职加薪，一样都没落下。生完二宝后，有人劝她专心在家照顾孩子，工作兼带孩子实在太累。她只是笑笑，心里却没有放弃工作的打算。

在她看来，工作是生活中必不可少的一部分。对此，她还列举了

N个理由。

理由一，工作让自己经济独立，并由此实现了人格独立和感情独立。生活上无须依靠任何人的支援，不用受谁的制约，喜欢什么自己掏钱买，出去旅行不用担心透支家用。就算丈夫的生意青黄不接了，自己还有能力维持家庭的生活。

理由二，工作让自己更加优秀。为了能够胜任工作，在激烈的竞争中不被淘汰，就要不断地学习和进修，无形中减少了惰性，而抗压能力却在不断提高。当内在的潜能逐渐被挖掘出来，做出了令自己都感到惊喜的结果时，自信感和成就感油然而成，这是任何的金钱物质都无法换来的东西。

理由三，工作让自己视野宽广。身在职场，不断接触新的人群、新的事物，视野会变得更宽广，了解的东西越来越多，整个人的思想层次都会得到提升。就算是闲聊，也不会只局限于家庭琐事和八卦新闻，可以让聊天的人感受到自己的内涵和深度。

如要继续列举的话，肯定还会有第四和第五，但上述的这些已经足以证明，在身体健康、家庭稳定的情况下，工作带给女人的益远远大于弊。工作让女人学会独立、学会社交，充满智慧和自信，也让女人懂得换位思考，能切身地体会到先生上班的辛苦，不会无理取闹，适时地给对方提供有益的建议。

若非迫不得已，请不要轻易放弃你的工作。那是你成为一个独立女人的资本，更是让你获得美丽自信、安稳幸福的保障。只有具备了养活自己的能力，你才能够随时撬起自己，撬起爱人，撬起优雅从容的人生。

## 像太阳花一样，做生活中的强者

菟丝花与太阳花，都有一副娇美的姿态，可生活习性却迥然不同。菟丝花活着的时候缠缠绕绕，妖娆多姿，可一旦离开了依附的树枝，就无法生存。太阳花不同，它的生命力很强，即使你把它掐断再种到另一个地方，它依然可以活下去，并且温度越高，生长得越快。两种花，像极了生活中的两种女人。

“菟丝花女人”，始终依附着爱人存活，她生命中所有的悲喜，命运中所有的经历，都由身边的那个人决定。他在，她则安好；他离，她则枯萎。仿佛，一切都由不得自己，她早已把命运的决定权交给了另一个人。她懂爱，只是她的爱太过于缠绵、太过于软弱，她只知道他能为自己挡风遮雨，却忘了他不是铜墙铁壁。

“太阳花女人”，是不畏生活的强者。她从来不依附于谁，扎根在一个地方的时候，努力地生长；即便中途被人“掐断”，需要依靠自己的生命力来重新适应环境时，她也决不畏惧。靠着信念，靠着坚强，靠着自身的力量，成长，发展，开花，绚烂。她的人生需要阳光，需要雨露，需要爱人的滋养，但若生活突然中断了“所有”，她还是会笑脸相迎。

姑娘G在高考结束后不久，父亲便出车祸身亡。拿到录取通知书那天，她哭得一塌糊涂。她如父亲所愿的那般，考上了一所知名的大学，只可惜父亲再也无法亲耳听她传达这个好消息了。更艰难的是，家里的经济条件一般，母亲收入微薄，如今父亲去世之事给母亲造成了巨大的打击，身体一直很虚弱。要供养G读完4年大学，着实不是一件容易的事。

临近报到那天，母亲拿出了一张存折，那是肇事司机赔付给家里的钱。G只要了学费和3个月的生活费，她坚信天无绝人之路。上了大学后，她把所有的业余时间都用在找兼职和打工上，去快餐店做服务生，自学广告文案后尝试给人写软文，假期到超市和商场做促销员。就这样，她实现了自给自足，不用再向母亲要生活费。

4年的大学时光，对很多人来说是美妙的，可以尽情地享受自由、恋爱，可对G来说，这4年却过得异常辛苦，既要考虑学业，还要考虑生活，压力很大。但正如泰戈尔所说，你受的苦终将照亮你的路，所有的负担都会变成礼物。

临近毕业，不少人为了找工作发愁，而G因为提早进入社会，具备了丰富的经验，相继有公司向她抛出橄榄枝。她选择了自己最喜欢的传媒行业，开启了对梦想的追逐之路。当周围人夸赞她能干的时候，她只是笑笑，心里的感慨却很多。

父亲的意外离世改变了她的人生，她怨过恨过，也担忧过未来。看到母亲泪眼婆娑、满心歉疚的样子，她更觉疼痛难忍。无依无靠的

时候，贫穷给了她动力，生活的逼迫让她学会了坚强和独立，更让她明白了一个道理：别人撤走了通往天堂的梯子，没关系，自己的双手一样可以撑起一片天空。害怕无依无靠，担心明天，不如踏踏实实地努力，撑起自己的生活。

现实中，不少女子因为各种原因在为明天焦虑，甚至心生抱怨，总觉得不能拥有自己想要的生活，也担心无法撑起自己的一片天。其实，这是骨子里不自信的表现，人生有很多事情不是你做不到，而是你不敢去想，也未曾开始去做。就像G这样的姑娘，被生活逼迫到了死胡同，却释放出了内在的潜能，支撑着自己完成了学业，踏上了距离目标最近的路。

她能够做到的，你也可以。当你从年轻的时候开始，不断地努力，不停地付出，朝着自己的目标进发，永不后退，那么你不仅能握住自己的幸福，还能掌控自己的生活。

在《哈里·波特》第一部书出版前，罗琳还只是一个离了婚的女人，带着自己的孩子在城市最底层，靠最低的保障金和自己打工赚来的钱维持生活。空闲的时候，她会坐在咖啡馆里写自己心中的魔幻世界。尽管屡遭退稿，可她依然努力为自己的生活投保，不放弃写作的梦想。

精诚所至，金石为开。后来，《哈里·波特》被翻译为多国语言，一系列的小说不仅让罗琳闻名于世，也让她走向了财富的巅峰。丰裕的稿费让她不再为明天的生活发愁，也不必为自己能否领到救济金而焦虑。连续3年，罗琳登上英国超级富婆榜首，2005年她的财富总额超过了英国女王伊丽莎白二世。

有些女人在遭遇生活变故的时候，总是不停地埋怨和质问：为什么是我？为什么我这么倒霉？为什么我的命运如此多舛？然而，现实用残酷的真相告诉我们：就算哭哑了嗓子，事情也不可能无缘无故地好转，唯有不断地用心灵的力量给自己打气，让自己比平时更振作、更坚强，才有可能改变。如果只想要等着、靠着，那么很可能穷其一生都只会停在原地。

著名女设计师蒋艳曾说，女人不一定要做男人一样的“强人”，但一定要做生活的强者。

想要优雅地过一辈子，就要学会在充满变数的生活中，为自己撑一把保护伞。这把保护伞的名字，不是婚姻，也不是依靠，而是独立自主。想要优雅地过一生，必须努力让自己长出一双有力的翅膀，无论面对多大的狂风暴雨，都可以迎面而上，毫不畏惧。这份自强和独立，不仅能让你成为令人瞩目的白天鹅，还会给你一份十足的安全感。

## 任别人去说，心有主张就好

我们总说生活是自己的，可真正按照自己意愿生活的，又有几人？我们总说不能太在意别人的看法，可真正能抛开旁人的眼光、坚定自己信念的，又有多少？几乎每个女人都曾对简·爱肃然起敬，可面临人生的十字路口时，有多少人能勇敢地坚持自己的方式，不受别人或自己消极想法的影响？

要想成为一个真正独立的女人，就必须坚强到能承受各方面的不同目光。如果总是随着别人的目光变来变去，那就会距离期望的目光、距离幸福的生活越来越远，到最后，留给自己的只有无尽的挣扎和郁闷。

她嫁给了大学时的同学，对方是个人品不错的小伙，工作能力也不错，只不过家境一般，暂时买不起房子。因为彼此感情很好，面对没有房子的他，她也果断地嫁了。婚后，两个人的生活还不错，她有稳定的收入，他也一直努力奋斗。他们计划着，等攒够了首付就按揭买房。

一年后，她的妹妹也准备结婚。婚前，妹妹强烈要求男方家里买房，她觉得，没有房就等于没有家，若没有房子，说什么也不嫁。说着说着，还把她当成“典型”搬了出来，妹妹说：“我姐没房，现在还租房子住，还要攒首付，以后要养孩子，还贷款。这辈子，多辛苦啊！我不想那么过。”

原本，她从没觉得生活辛苦，可听完妹妹那番话，心里很不舒服。婚前，妹妹也曾跟她提起，至少要男方家里出首付再结婚，可她觉得房子没那么重要。可如今，想想往后的生活，真的就跟妹妹说的那样，她心里的幸福感突然消失了。

后来，妹妹如愿嫁了一个有房的男人，婚后第二年，又换了一辆车。这时，她心里更觉得不幸福了。在家的时候，她总是沉默寡言，脾气也变坏了。只要丈夫有什么不对的地方，甭管事情大小，她都会发一通脾气。她甚至觉得，自己的选择错了，当初不该为了感情结婚。

丈夫知道她心里在想什么，也比以前更努力，希望早点交了首付。可令他难过的是，不管他做什么、付出什么，她都很少给他鼓励，似乎觉得是他应该做的。两个原本感情很好的夫妻，竟然渐渐地成了陌生人，就好像同一屋檐下的“寄居男女”。

她的生活有什么本质的变化吗？她觉得幸福时，享受的是两个人在一起奋斗的甜蜜；她觉得不幸时，丈夫和她依然在同一屋檐下，感情也没有变质。唯一不同的是，她丢了自己的幸福标准。别人说“有房才幸福”，她便丢弃了“情比金坚”的初衷，盯着自己没有的东西，总觉得在外人眼里她过得很不堪，就想追求别人认可的幸福。

退一步想想，如果她还坚持着自己最初对幸福的认识，坚守着他们美好的感情，享受一起努力的快乐，那么丈夫不会觉得失落，她不会觉得难过，两人的日子也肯定会蒸蒸日上。可惜，她太关心别人的看法，太容易受别人的影响，纵然他们明天就有了房子，她的幸福感也很容易再因为其他的事情而丢失。都说“家和万事兴”，她的家现在连“和气”都没有了，两个人又靠什么相互鼓舞着，让生活变得兴旺？

或许，作为旁观者时，我们总能把问题看得很透彻，可一旦事情发生在自己身上，就顿时不知所措，很容易随波逐流。因为，我们内心的满足来自别人折射回来的色彩基调：当别人羡慕我们时，我们就觉得自己是幸福的，而且非常满足。可是，当我们把别人的看法作为终极目标时，就等于陷入了物欲设下的圈套。这就好像“红舞鞋”，漂亮妖艳，充满诱惑，可一旦穿上，就再也脱不下来了，只能疯狂地转动舞步，内心充满了厌倦和疲惫，可脸上依然要挂着幸福的微笑。当在别人的喝彩中，终于以一个完美的姿势为人生画上句号时，才发觉这一路的风光和掌声，带来的竟然是说不尽的空虚和疲惫。

每个女人都该有自己的生活态度和方式，都该有自己的评价标准。若是为了取悦别人，一味地满足他人的价值观，为难自己、为难最亲密的人，那无疑是痛苦而悲哀的。别人的目光纵有千千万，也比不上对自我心灵的诚实，没有任何人可以成为自己人生舞台的设计师。所以，女人不该让他人的论断束缚自己前进的步伐，只有全面而真实地活出自我，才不会盲目和迷失，才能体会到真正的幸福。

走自己的路，让别人说去吧！用你的能力打造你自己，用你的行动感化他人，用你始终不渝的信念点燃你幸福的明灯！不要委曲求全而让人怜悯，也不必背负世俗而压抑自己的梦想，更不要随波逐流而失去自我。坚持你认为对的，选择你真正爱的，生活得更好不是为了别人，而是为了你自己。自信地抬起头，勇敢地做自己，幸福就在眼前。

## 保留你的梦想，努力实现它

她原本是一个不甘世俗的女孩，很早的时候就想成为一个自由作家，在旅行中了解世界各地的文化并记录自己生活中的感受和变化。曾经，为了实现自己的梦想，她给自己制订了一份详细的计划。可是，一晃5年过去了，岁月划过指尖，她却依然未离开过脚下的土地半步，那梦想始终悬挂在空中。

一年前， 一位朋友邀请她到日本进修，那位朋友已经在日本生活了很多年，现如今工作稳定，有固定住所，可以帮她不少忙。她左思右想，始终没有下定决心。她想到了许多现实的问题：手里的积蓄不多，进修都花光了怎么办？回国后年纪也大了，找工作会比较困难……想到这些，她的心七上八下的，怎么都不得安宁。最后，她放弃了这次机会。

半年前，看到辞职的同事已经拿到新西兰一所大学的offer，她心动不已。若能有机会，以半工半读的方式在国外生活一年半载，无疑是一种新的体验。她参考了不少出国留学方面的信息，也买了不少资料，希望能为自己搏一把。可是，当信心满满正准备开始为了梦想奋斗的时候，她心里又开始犹豫：我已经27岁了，周围的朋友都开始谈婚论嫁，我这样做到底值不值得？我到底能不能成功？如果最后都是镜中花、水中月，那时间岂不是白费？更何况，我还要辞职来学习，生活怎么办？

那个走遍世界的梦想还在，只是它越来越缥缈，越来越像一个梦。为了寻找心灵上的安慰，她只好随波逐流。看着别人一步一步走向自己喜欢的生活，她心里有羡慕，也有懊悔，可始终迈不过心里那道无形的坎儿。

记得周国平在《人的高贵在于灵魂》中写道："由于生存斗争的压力和物质利益的诱惑，大家都把眼光和精力投向外部世界，不再关注自己的内心世界！"往往，年龄越大，顾虑越多，总想着要保证生存、提高生活的质量、不打破现有的安稳生活，而追求梦想恰恰需要打破一些现状，意味着冒险，意味着改变，很多女人不愿承受这份"变动"，把内心的梦想拖到明天或者明年，最后将梦想悄悄埋没，让自己慢慢被现实打败。

转念想想：人生短暂，若只是一味随波逐流，平平淡淡，晚年回忆起来岂不是寡淡无味，遗憾终生？若真的有梦想，无论大小，何不努力去实现？年轻时，梦想倘若因现实被磨灭，人生也就少了一半乐趣；如若尝试过了，纵然没能如愿，可至少有过一段拼尽全力的经历。

美国著名播音员莎莉·拉斐尔在追求梦想的路上吃尽了苦头，却始终没想过放弃。

曾有一次，她到一家国际广播公司跟制片人谈起自己的节目构想。对方听完后，告诉她："我相信公司会有兴趣。"拉斐尔以为自己就要碰触到梦想了，却没想到，那位制片人不久后离职了。后来，她又遇到了该电台的另一位职员，再次提出自己的构想。此人也觉得这是个好主意，戏剧性的是，此人不久也失去踪影。最后，拉斐尔遇到了第三个人，百般解释后，对方才答应她的请求，但提出了一个条件，就是让拉斐尔在政治台主持节目。

拉斐尔说："当时，我觉得自己完了，因为我不懂政治。每天我都在抱怨，为什么做什么都失败？多亏我的丈夫给了我鼓励，让我尝试一下，才让我有了些许信心。"

第二年，拉斐尔的这档节目终于跟观众们见面了。凭借对广播节目的了解，拉斐尔利用自己的经验和亲和的主持风格，大谈自己对7月4日美国国庆的感受，又请听众们打电话谈他们的感受。这档节目播出后，立刻受到了听众的欢迎，拉斐尔也开始为观众们所熟知和喜欢。

靠着自己的勤奋，拉斐尔战胜了多次挫折带来的压力，一举成名。如今，她已经创办了自己的电视节目，并再次取得成功，两度获奖。在美国、加拿大和英国，每天都有800万观众收看她的节目，而她也终于实现了自己最初的梦想。

成功后的拉斐尔说了一番激励人心的话："我的一生，曾被辞退18次，但我一直没有放弃自己的希望。上帝只掌握了我的一半，我越努力，我手中掌握的一半就越庞大。有一天，我终于赢了上帝。"

"我赢了上帝"，这句话曾经作为标题出现在美国的许多媒体上，包括美国国家电台对她的一档访谈录栏目。其实，很多梦想并没有想象中那么难以企及，关键是你有没有勇气迈出第一步，有没有毅力在遭遇阻碍的时候坚持下去，有没有一股在诱惑焦虑的情势中坚守梦想的心气。

行走在人生的旅途中，我们要携带太多的东西，或许一不留神就忘了，或许走着走着就丢了。可有一件东西，你始终要把它放在重要的位置，好好守护，那就是梦想。一个拥有梦想的女人，才不会屈尊于生活，才不会为了谁而止步。在梦想的牵引下，心灵可以穿越荒野、穿越海洋，纵是芸芸众生中的平凡女子，在梦想的照耀下，也会散发出动人的光芒。

## 无论何时何处，都要有尊严地活着

你可曾见过活着的珊瑚？它生活在幽深的海底，在海水的怀抱里柔软轻盈地飘舞着，那份圣洁和美丽无不令人啧啧称奇。一旦有采集珊瑚的人出现，将它带出大海，珊瑚就会变得坚硬无比。远离了浩瀚蔚蓝的海洋，它拒绝绽放自己的美，变成了一具惨白僵硬的骨骼。

为什么珊瑚要变成僵硬的骨骼？你也许不会相信，自然界里的许多生物，在生命遭到无情的践踏时，都会用改变、放弃乃至死亡来捍卫自己的尊严！它们只愿保留自己最独特的样子和生活方式，不愿屈服于外物和环境。

一个成熟理智的女人，当然不必用如此极端惨烈的方式去证明什么，但骨子里需要有一份不可践踏的自尊，无论在任何人、任何境遇面前，都极力保留独立的人格。选择这样做，恰如俄国作家陀思妥耶夫斯基所说：“如果你想受人尊敬，那么首要的一点就是你得尊敬你自己。只有这样，只有自我尊敬，你才能赢得别人的尊敬。”

《简·爱》是每个女人都当去读的一本书。主人公简·爱出身卑微，成长的过程中历尽磨难，她却从未放弃自己的尊严。年幼时寄人篱下，面对表哥约翰的虐待和戏弄，她敢怒斥；在寄宿学校里，面对冷酷虚伪的校长，她敢反抗。面对爱情时，她理智而果断地拒绝了姑表哥圣·约翰的求婚，只因不想成为没有爱情的婚姻的牺牲品，更不愿做男人的附庸。对于爱情，她有独特的见解，认为爱情的前提不是门第，不是金钱，而是平等的人格。

后来，她遇见了贵族绅士罗切斯特，但她并未因为自己是一位家庭教师而感到自卑，她认为他们在灵魂上是平等的，并且该得到同样的尊重。她的正直、高洁、善良从未被世俗污染，让罗切斯特为之震撼，并将她视为一个可以和自己在精神上平等交谈的人，并深深爱上了她。可就在他们结婚那天，简·爱知道罗切斯特已有妻子，她说："我要遵从上帝颁发世人认可的法律，我要坚守住我在清醒时而不是像现在这样疯狂时所接受的原则，我要牢牢守住这个立场。"她离开了，毅然决然。

她不能接受欺骗，不能接受被自己最信任、最亲密的人所欺骗。她承受住了打击，并做了理性的决定。在爱情的包围下，在物质的诱惑下，她依然坚守着内心的圣洁和个人的尊严。这份精神的魅力感染了无数人。谁能想到，一副纤纤弱弱的身躯里竟然蕴藏着如此大的力量，她的内心如此高贵，尊严不容践踏。

不只是爱情里需要自尊，生活处处都需要捍卫自身的尊严。无论是春风得意，还是贫困潦倒；无论是在熟悉的地方，还是陌生的环境；无论面对的是至亲至爱，还是残酷冷漠、比你优越强势的人，都要做一个自尊自敬的女人，如此才能得到他人的尊敬。

一位中国女留学生，在美国半工半读，业余时间到一位美国老太太家中负责照顾其日常起居。结果，她遭受了老太太的侮辱和不公正待遇，在提出辞职时，还被老人的银行家儿子虐打，造成髌软骨挫伤、脊椎骨错位弯曲、严重脑震荡。事情到此还没完，那位银行家还恶人先告状，说要控告女留学生。

于是，年轻的女留学生开始了状告一个美国银行家的漫长而艰难的诉讼。她四处求告，历经千辛万苦，才找到一个愿意接纳这个案子的中国律师。当时，此银行家正在竞选议员，重金聘请了3位大律师，负责此案件的法官多次要求女留学生庭外和解，她却坚决不同意。

这场官司足足打了4年，打到了最高巡回法庭。在法庭上，女留学生带着悲伤的情绪陈述，几次昏倒。最终，在铁证如山的事实面前，银行家输了。法官最后宣判，被告赔偿原告5250美元，并当场向原告道歉。

当银行家向女留学生道歉后，她接过律师递上来的那张5250美元的支票，举起支票，当着众人的面说："华盛顿的大律师，你们真不愧是法学界的权威。刚刚被告不得不向我公开道歉后，你们又及时地给我递上了这张支票，并且是在法庭上公开地递给我。你们这样做，无非是想造成一种印象：这个中国姑娘之所以坚持要打这场官司，就是为了这张支票，就是为了这几千块钱，让人觉得钱才是这场官司的目的，只有钱才能为这场官司画上句号。你们以为，给我5250美元，我就心满意足了，就会感激涕零吗？

"我想问问3位大律师，若是一个白人被打成我这样，你们能用

5250美元打发掉吗？不久前，一位白人老太太在麦当劳被烫伤一点嘴皮，索赔就是60万美元！在你们眼里，中国人就这么不值钱？你们错了，包括我在内的许多中国人，绝不会在金钱面前低下自己高贵的头。我打这场官司，是为了讨回做人的尊严。我们来美国，大部分美国人是友好的，我在打官司的这几年里，也有不少美国朋友给过我帮助，我很感激；但也有一些人，以为有钱就拥有一切，有钱就可以歧视别的民族，有钱就可以伤害无辜，有钱就可以打赢官司。我要告诉他们，有钱绝不能收买我一个小小的中国女子的尊严。

“我打这场官司，是想告诉这些歧视我们的人，别以为我们漂洋过海到这里来，是来求施舍的，是低人一等的，是没有人格尊严的。不，我们带到这里的是青春和智慧，我们并不比任何人差。在打官司的这4年里，我在极为艰苦的条件下，带着难以忍受的心灵和肉体的创伤，攻读了社会学硕士和电脑管理学博士的双学位。我完全可以自豪地说，我干得一点也不差！美元在我的尊严面前一文不值。”说完，她撕碎了那张支票。

尊严无价，一旦失掉了尊严，做人的价值和乐趣就无从谈起。无论何时何处，女人都要保留独立的人格和自尊。唯有如此，人生的阵地才不会陷落。

## 那双隐形翅膀，藏在你的思想中

曾有人说，男人活在物质中，女人却是活在精神里。女人的精神世界，藏在神秘而丰富的内心里，那是她对自我的确认。当一个女人的精神世界被外界的人事所支配时，她的人生就被桎梏了，失去了自由与惬意。

台湾文案圈里最知名的创意者之一李欣频，是一个优雅而从容的女子。她一手塑造出来的“诚品书店”品牌，已成为台湾的文化地标，得到了各界的好评。有人评价说：“一家民营书店能开到吸引游客、增加外汇收入、刺激经济、提升当地形象的地步，放眼全球，除了台湾的‘诚品’，恐怕找不出第二家。”

关于李欣频，她的经历值得一说。21岁进入广告圈，28岁出了人生的第一本书。接下来的7年里，她写了26本书。在外人眼里，这是一段收获颇多的岁月，可对李欣频来说，那却是她倍感焦虑和难受的时候。她说：“我害怕一个人待着，没有安全感。我是一个非常非常依赖别人的人，就是因为太依赖别人，导致人际关系出了很多问题。”情绪的不畅，继而引发了健康的问题，折腾得她一年跑三十几次医院。她开始怀疑自己为什么要活在这个世界上。为此，她找过心理医生，但多半情况下，得到的也只是一些缓解焦虑的药物。

后来，李欣频索性放下一切，去了印度。在那里，她遇到了自己的男朋友，更遇见了自己。她把这种方法称为“与自己独处的能力”，并说：“人在最痛苦的时候，在你身边的只有你自己。”李欣频现在的男友在台湾，具备了独处的能力后，即便是分居两地，她依然能够享受着爱的幸福。

从最初畏惧一个人，有着强烈的依赖感，到后来纵是独自一人，也能体会到爱的甜蜜，究竟是什么带给她这样大的转变？不是环境，不是别人，而是她找寻到了精神上独立的自己，并在精神的世界里找寻到了自我的价值，不再被他人和环境影响对自我价值的评价。

精神独立的女人，有着深刻持久的魅力。她们在事业上有主见，不受他人摆布；在生活上有自己的圈子，不会因脱离恋人而孤独；不会因独立而孤芳自赏，也不会因独立而百无聊赖。就算是岁月爬上了眼角，留下了痕迹，她们也不失风韵和典雅。

提起CHANEL，几乎每个女人都不觉陌生。没错，它是时尚王国的代名词，也是奢侈品牌的象征。当我们沉浸在这一品牌的内涵与质感中时，也该了解一下它背后的人与故事。

可可·香奈儿，CHANEL品牌的创始人。她和自己打造出的品牌一样，始终给人以高贵优雅的印象，并随着品牌的流传，穿越时空，

影响至今。她出生在一个小镇上，童年的不幸生活和少女时代的封闭、乏味，让她对外界的世界充满了向往。一颗不安的心，急切地促使着她去领略不一样的精彩。于是，她克服种种困难，来到心神向往的巴黎，开始了全新的生命体验。

初到巴黎，香奈儿特立独行的思想和性格让她对巴黎女人们的穿戴提出了质疑。在不断的观察和思考中，她用敏锐的眼光发现了巨大的商机。此时的她，已经决定要在巴黎的服装界里做一名拓荒者。

不久后，香奈儿开了一家帽子店，她以灵巧的双手，用新颖的装饰点缀取代了帽子上原有的俗气饰物，经过改良的帽子让人眼前一亮。此外，她在帽子的戴法上也别出心裁，形成了自己独特的风格。这样的创新体验，让许多客户对她的店青睐有加。

帽子店的成功，为香奈儿积累了相当的资金，也给了她莫大的鼓舞。她开始大胆地尝试在服装领域的发展。当时的巴黎充斥着陈旧烦琐的服装样式，香奈儿大胆地革新了这一切，推出了一系列简洁、实用的服装，不仅解放了自己，也将自己的设计理念发扬光大。

1912年，第一家CHANEL精品店诞生了。

香奈儿对服装的设计引起了女性对自身的关注，也成功开启了时尚领域的新风向。她的作品，彰显了一个时代女性的精神。香奈儿能够做到这一点，与她独立的思想和敢于创新的精神密不可分，她从来没有在环境面前动摇过自己最初的想法。她的美，与她的作品一样，有深邃的内涵和耐人寻味的品质。

对女人来说，有独立的精神世界，有独立的思想，是一件很重要的事。它是撬动你生活的那支有力的杠杆，也是助你追上人生目标的那对坚硬的翅膀。人会老去，花容不再，但思想会随着阅历的丰富和经验的积累，变得愈发成熟而精致。精神上丰盈的女子，就算失去所有外物的修饰，她依然会在人群中闪闪发亮。因为，思想里的一切，精神上的内涵，会给她方向，使她收获丰富的人生。

# 第五章

## 当人生遇到羁绊，勇敢地对生命说“是”

人生是一场前途未卜的旅途，没有人知道会在将来的路上遇见什么、经历什么。无论上天赐予你的是多么不完美的生活，都要学着勇敢去接受，努力而积极地活着，成长得更为坚强和优秀。

## 以花开的姿态，迎接生命的逆流

闹市街头的一家按摩院里，客人络绎不绝，他们都是冲着那位技艺精湛、性格随和的店长去的。平日里，大家都亲切地称呼她丽姐。

丽姐如今40几岁，两只眼睛的视力都很差，需要距离很近才能看到东西。不过，她整个人保养得很好，一头乌黑的秀发，白皙细致的皮肤，苗条紧致的身材，也算得上是一个漂亮的女人。正因为此，不少熟络的客人都感慨：这要是眼睛没毛病，该多好呀！每次听到这样的话，丽姐都不曾流露出遗憾的表情，只是平和地一笑，调侃着说："要是我眼睛能看到，说不定就没有这家店了，您也就不认识我了。"

后来，丽姐的店面扩大，招来了一个和她情况相近的女孩。她比丽姐幸运，右眼是完好的，但女孩总是闷闷不乐，偶尔说起自己意外受伤的事，还会掉眼泪。丽姐明白她的心情，自己年轻时也有过这样一段经历，她决定抽时间好好开导一下女孩。

那天下午，店里没什么客人，丽姐从桌子上拿起一张白纸，问女孩：“你觉得，这张纸有几种命运？”女孩一时愣住了，不知道丽姐为什么会这样问，摇摇头说不知道。

丽姐把纸扔在地上，踩了几脚，又问：“你说，这张纸有几种命运？”女孩说：“现在，它变成废纸了。”丽姐不置可否，弯腰捡起那张纸，把它撕成两半后又扔在地上，再次问了同样的问题。

女孩实在被弄糊涂了，不知道丽姐到底要干吗，就只好说：“现在变成了两张废纸。”丽姐不动声色地捡起那被撕成两半的纸，紧贴着那张纸，认真地画了几笔，勾勒出一个人形，一边画一边说：“我以前学过素描的，现在眼睛不行了，但还是能凭感觉画几笔。”女孩看到，刚刚被踩的那个脚印，变成了素描少女裙子上的褶皱。

这时，丽姐问她：“现在你觉得，这张纸的命运是什么？”女孩没说话，呆呆地看着那张纸。丽姐拉起她的手，说：“你赋予这张废纸以希望，它就有了价值，甚至能够起死回生。一张纸是这样，一个人也是这样啊！”

那个下午，丽姐和女孩聊了很多。从自己的少女时代一直讲到现在，包括自己生病的历程和心理上的蜕变。女孩听得红了眼圈，她才晓得，这个外表看起来那么乐观、那么美丽的女人，原也是历经了多少不眠夜，流过多少眼泪，才有了现在的模样。丽姐让她彻底领悟了一条生存之道：当生命遇到了羁绊，要勇敢地对生命说“是”。

许多时候，我们都无法选择生活的境遇，也无法预知生命的遭遇，但若遇见了，那就只能靠自己的心态去调节。美国作家马克·吐温曾说："人生在世，必须善处逆境，万不可浪费时间在烦恼上，做无益的挣扎，最好还是平心静气地去办事，想出补救的办法来。"法国哲学家卢梭也说："一个真正了解幸福的人，无论什么样的打击都无法使他潦倒。"

一位被丈夫抛弃而割腕的女人，最终选择了勇敢地面对自己"淋漓"的伤口。她说："从绝望中醒来，看到洒在窗前的阳光，我的心顿时就亮了。他值得我这样吗？不值！我就像凤凰一样，重获了新生。"之后，她用母爱全身心地照料女儿，日子过得有滋有味。她的心苦过，可是勇敢让这份苦找到了出口。

一位双亲惨遭不测的女孩，忍着眼泪，坚强地活着。她说："我不是不想崩溃，不是不想痛哭，只是哭过之后，还要自己重新整理心情，现实中有谁能够每时每刻在你身边为你擦眼泪？"她把痛苦压在心底，像所有不谙世事的女孩那样，挂着笑容出现在家人和朋友面前，出现在公司里，不知情的人根本想象不出她的遭遇。若说没有伤心，那是自欺欺人，她的心每天都像是被刀割，而每天都在不断地缝合的伤口，她用微笑释放着痛苦，她在坚强中等待着记忆的冲刷。

英国诗人斯特朗写过一首优美的小诗——

别难受，当厄运对你拉长了脸，凭眼前的一切并不就能得出结论啊！假如你愿意等待，怀抱着信念，你将得到应有的回答，给生活以时间，放出你看不见的命运之线。一切努力都为了追求那事物内在美的实现，千万别丢了理想，丢了信念。要坚信，一切都是为了更美好

**的未来。别催促上帝的安排，给生活以时间，去把理想实现。**

在这个浮躁而充满变数的时代里，或许它值得每个女人收藏在心灵深处，不时地提醒自己，营造美丽的心态，活出美丽的自己，在风雨降临的时候，静静地为自己撑一把伞，等待着风雨过后那道夺目的彩虹。

## 举步维艰的时候，给自己一个微笑

数年前，在一家大型商场里，一个口袋寒酸的母亲带着4岁的女儿到处闲逛。她们走到一家快照摄影店旁，小女孩拉着母亲的手说：“妈妈，我也想照一张相。”母亲弯下腰，拢了拢女儿额前的头发，温柔地说：“等给你买了新衣服再照相好吗？你的衣服太旧了。”小女孩紧闭着双唇，沉默了一会儿，而后用天真无邪的眼睛看着母亲，说道：“没关系的，妈妈，我会微笑的。”

听到女儿的话，母亲心里突然涌起了一股力量。多少年了，她为自己的穿着打扮自卑过，为自己窘迫的生活懊恼过，今天女儿说的“我会微笑的”深深地触动了她的心。她昂起头，和女儿一起朝着摄影师走去。那张照片，后来一直放在她的钱夹里。

多年后，她的生活已经变了一番模样，女儿也已经长大。可是，那张照片还在，对她而言，那不仅仅是一张普通的相片，而是一种信念，穿得再破旧、过得再艰辛，纵然一无所有，却还可以坦然从容地面带微笑，用热情和爱拥抱生活。

对于女人而言，漫漫长路，是优雅从容地走过去，还是被压抑和脾气控制情绪，远离幸福，全在一念之间。所以，举步维艰的时候，给自己一个微笑，让阴暗的心情晒晒太阳；遭受委屈的时候，给自己一个微笑，让豁达和宽容冲走所有的阴郁。微笑是一种勇敢，带着自己走向远方，走向未来。

微笑，是世间最美的表情，也是生命最美的姿态。

非洲的一座火山爆发后，泥石流疯狂不止地一泻而下，迅速流向坐落在山脚下不远处的一个村庄。农田、家舍、树木，一切的一切都没能躲过被摧毁的劫难。滚滚而来的泥石流惊醒了一个14岁女孩的美梦，流进屋子里的泥石流已经到了她的颈部，她只露出头部、颈部和双臂。

救援人员很快赶到了，看着小女孩的情势，一筹莫展。对于已经遍体鳞伤的她来说，每一次的拉扯都是更大的肉体伤害。此时，房屋已经倒塌了，挚爱的父母也永远地离她而去。她是村庄里为数不多的幸存者之一。

前线记者把摄像机对准她，她始终没有说一个“疼”字，而是咬着牙微笑，不停地向救援人员挥手致谢，两个手臂做出表示胜利的“V”字形。她相信，救援部队一定能够顺利地救她。可是，泥石流固若金汤，营救人员想尽办法，依然无可奈何。小女孩始终在那里挥着手，直到身体被泥石流一点一点地吞没。

在生命的最后一刻，她的脸上没有一丝痛苦和失望，她依然洋溢着微笑，手臂一直保持着“V”字形。那一刻仿佛延伸了一个世纪，在场的人，有的湿润了眼眶，有的早已泪流满面，他们亲眼目睹了这庄严而悲惨的一幕，心里充满了悲伤。

那一刻，世界安静极了，只见灵魂独舞。

穿透灵魂的微笑，在生命边缘传递着震撼世界的力量，让人生所有的苦难如轻烟一般飘散。死神可以夺去正值豆蔻年华的生命，却永远夺不去生死关头那一抹微笑，那个“V”字所蕴含的精神。虽是一枚年少如花的女子，可她的内心是多么淡然，多么强大。

或许，世间众多女子这一生都不可能经历那样的噩梦。可是，人生中的困境、绝境是避免不了的，不悦与不幸总在没有防备的时候悄悄降临。没有谁能保证始终如一地陪伴在你身边，没有谁能保证在你难过的时候有人会给你安慰，也没有谁能保证在你陷入低谷时能给你一双有力的手。突如其来的变化，可能会夺去现在拥有的一切，可能注定要剩下你一个人，走一段陌生的路。

当生命里的厄运降临，当它夺走你挚爱的一切，请想想那个14岁的姑娘，想想她的脸庞，她的“V”字形手势。像她那样，微笑着接纳美好的、不美好的结局。真正的淡定与强大，是温和从容，淡定如菊，笑靥如花，用一抹微笑从容地回应生活的磨难，用柔弱的双肩毅然地扛起沉重的悲伤，坚信人生会苦一阵子，却不会苦一辈子。对待生活，任尔狂风骤雨，我自闲庭信步，用一颗坚强的心去迎接风雨，不会在困苦中失了自己的美丽和姿态。

作为女人，当知道世上有一种美叫作“风霜洗过铅华，芳香永驻”。岁月能消逝容颜，却不能将灵魂毁灭；岁月能改变心境，却无法剥夺你追求幸福的权利。

## 有些事，忘记比怀念更加合适

一位风烛残年的老人，在她的日记簿上写下了一段生命的感悟——

如果生命可以重来，我不会再频频回顾，而忘了看未来的路。我情愿随遇而安，过得糊涂一点，不再为已经发生的事情而悲伤难过。人生是那么的短暂，实在不值得把时间浪费在缅怀过去上。因为，过去的永远都过去了。

如果生命可以重来，我会朝着未来的路前行，去自己未曾到过的地方，跋山涉水，远走他乡。曾经，我总在为已经发生的些许小事而苦恼，责备自己粗心大意丢了某件东西，一次又一次地假设：要是把东西交给××保管，也许会不一样。我会生自己的气，心疼丢失的东西。可现在，我后悔了。人就这么一辈子，何须活得那样小心翼翼，每分每秒都不容有失？

如果生命可以重来，我不会再那么看重荣辱得失，也不会花很多时间和精力去诅咒那些伤害过我的人。愤怒和悲伤没有改变事实，只是消磨了生命中本就不多的时间。那些时间，我该用来好好享受，去感受所有美好的事物，去游乐园玩几圈木马，去海边看几次日出，去公园陪孩子玩耍。

如果生命可以重来……可我知道，这是不可能的了。

张小娴说过：“万物有时，离别有时，相爱有时。花开花落，有自己的时钟，鸟兽虫鱼，也有感应时间的功能。怀抱有时，惜别有时，如果永远不肯忘记过去，如果一直恋恋不舍，那就永远看不见晴空。”

念念不忘曾经的痛苦与恩怨，只会被它腐蚀，变得更加憎恨与怨怼。唯有忘怀，才能真正放下心里的烦恼和不平衡的情绪，才能在失意之余找寻重新站起的勇气。遗忘是心灵的净化，是一种解脱，更是愈合伤口的良药。

守墓的老人每个星期都会看到这样一个场景：一个穿着华贵的年轻女人，满脸的忧郁，将自己的车停在墓园外面，踉跄地走进墓园，在一个墓碑前号啕一番，撕心裂肺般的哭声令人动容，哭够了她会静静地整理着那束白色牡丹，轻轻地放在碑前。

有一天下了雨，守墓的老人撑一把伞为女人遮雨，女人难得露出感激的笑容，就和老人聊了起来。原来，她是个离异的女人，6岁的女儿一直是她的精神支柱。可是飞来横祸，女儿得了不治之症，任她用多少钱也买不回生命，只能眼睁睁看着女儿离去，孤零零躺在这里。

女人眼里噙满了泪水，悲哀地说：“我想我也快要离开这个世界了，我得了严重的抑郁症，也许过不久我就会去陪她了，人活在这个世界上真的没有意思。”

老人惋惜道：“哦，原来是这样，但是我想告诉你的是，这几年我见过不少的贫民、孤儿，还有医院里那些患病了的孩子们，他们需要关爱，需要温暖。你买这么多花给你的女儿，她看不到也闻不到，何不将带着花香的牡丹，送给正在苦难中挣扎的孩子们？与其沉溺于过去，不如活在当下，用你手中的花给孩子们生存的力量。过去的都已经过去，学会忘记，走出悲伤的阴影，走出痛苦的深渊，人生才会有意义。”

女人安静地淋着雨，默默地祷告了一会儿，然后开着自己的车走了。

几个月后，女人又来了，这次她脸上没有一点悲伤，反而兴高采烈，她友善地对守墓人说：“谢谢你的指引，我去医院看了那些生病的儿童，他们确实需要关爱，需要温暖。我把粉红的月季和鲜红的玫瑰给他们，他们很快就好起来了，而我，也彻底走出了心中的阴影。他们不明白，但是我知道，活在当下每一刻都值得珍惜的日子里，生命才会精彩。”

生活有时是无奈的，没有假设，不能改变；可心境是当下的，能够把握，可以超脱。

过去的事情早已过去，苦苦抓住不放就好像紧紧抓住悬崖上的一根树枝，会很累，很难过。将那些已经过去却给你带来伤害的事情归于尘土，这样生命里会多出一些阅历，而不是更深的苦痛。清除掉它们，身体里的垃圾就会减少，负重就会减少，人也会越来越轻松，行走在人生的道路上也会越来越愉快。

仓央嘉措写过这样一段诗："一个人需要隐藏多少的心事，才能巧妙地度过一生，在这佛光闪闪的高原，三两步便是天堂，却又有那么多人，因心事过重，而走不动。"

有些事情，忘记比怀念更加适合，因为那些事情本来就不再属于现在。与其耿耿于怀那些不美好的过往带给我们的伤害，倒不如让过往的阴霾跟随历史的长风渐渐消散。放眼环望皆是前方，迈步四走皆是前行，又何必让心中的过往拖累了脚步呢？

时间不等人，活在当下即是生命的行程，活在此刻便是人生的轨迹。用豁达的心态面对人生，放下曾经沉重的包袱，轻装上阵，精力充沛地面对现在，信心百倍地迎接明天，人生就会幻化成一道绚丽的彩虹，美丽耀眼。

## 你不是最不幸的那个人

漫长的人生岁月中，每个人的命运和生活都无法呈现完全相同的姿态，苦难和不幸在生活中如影随形，不幸的人何时何地都有，但你绝对不是最不幸的那一个。

澳洲的一位女士经历了生活带来的诸多不幸，几欲轻生。就在万分绝望的时候，她偶然听到了一个人的演讲，顿时意识到，原来自己经历的那些不幸根本不算什么。那个改变她想法的人，就是约翰·库提斯。

约翰·库提斯1969年出生于澳大利亚，天生双腿自然残废，出生时只有可乐罐那么大，腿是畸形的，且没有肛门。弱小的他躺在观察室里奄奄一息，医生们断言，这个孩子不可能活过24小时，建议家人为他准备后事。然而，当父亲忍住悲伤给他准备好小棺材、小墓地后，惊奇地发现，他居然还活着。

在父母爱的力量和鼓舞下，他以超人的毅力生活着、学习着。17岁那年，同学用小刀将他毫无知觉的腿切得血肉模糊，伤口感染，他被迫切去下半身。医生几次断言，他活不过一周、一个月、一年……可是今天，约翰·库提斯依然健康地在全世界发表演讲，始终以一颗乐观的心面对人生的磨难。

中学毕业后，约翰开始进入社会找工作。遭遇了无数次的拒绝后，他被一位杂货铺老板收留，后来又做过销售员、技术工人。偶然的一次机会，约翰应邀对自己的经历作一个简单的介绍。没想到，当他把痛苦的经历和艰难的现状说出来后，在场的所有人都被感动了，而那位女士就在其中，听得热泪盈眶。她告诉约翰，自己非常不幸，正准备自杀，但听了他的演讲，她觉得那些不幸已经不算什么了。

约翰·库提斯的这一次演讲，彻底打消了这位女士轻生的念头，同时也成为改变约翰人生的起点。他突然意识到，讲出自己挣扎生存的经历，可以给别人带来启迪，让别人拥有更加积极的心态。自那以后，约翰正式踏上了职业激励大师的路途，并一步步走到了现在。他告诉所有人："无论你认为自己多么不幸，在这个世界上永远有比你更不幸的人。"

阿静的丈夫3年前出了车祸，左腿留下了残疾。自从出事以后，阿静就一直闷闷不乐，整个人恍恍惚惚的，动不动就掉眼泪。尤其是看到年幼的女儿，更觉心酸，总觉命运对自己不公，对孩子也不公。庆幸的是，丈夫还挺乐观，总安慰她说："你看，我现在不是挺好的吗？做的是手艺活，也不影响工作……"道理她都懂，可看到周围的同龄夫妻都能健康地出行，她心里还是感觉隐隐的疼。

阿静住的小区门口，有一家规模不大的批发商店，店老板是个热情的女人，什么时候见到客人都是笑脸相迎。她跟店老板认识有七八年了，一直都挺羡慕对方的生活状态：用自家的门脸房开店，不用交房租，生意又很好。直到有一回，她从别人口中得知，原来店老板还有一段鲜为人知的经历。

店老板在嫁给现任的丈夫之前，挨过了一段痛不欲生的岁月。前任丈夫是某厂的职工，一次下夜班时，大概是疲累过度，撞到了街边停靠的一辆货车上。就在他去世后的第3年，她那淘气的儿子跟随伙伴去游野泳，再没上来。接连痛失生命中最亲近的两个人，她是怎么熬过来的，常人真的难以想象。

听说了这件事后，阿静的心很长时间都不平静。她同情店老板，却又很敬畏她，跟她接触了那么久，竟一点儿都看不出悲伤的痕迹。阿静曾想过，也许是店老板把痛苦藏得太深了，但后来又觉得，她看到的那张笑脸不像是伪装出来的，一个对生活充满了怨恨和绝望的人，很难对周围的人那么亲切热情。

这么久以来，阿静总认为自己比同龄人倒霉，但听说店老板的经历后，竟想嘲笑自己小题大做。细想起来，那一次的车祸很惨烈，丈夫只是腿上留了一点残疾，其他并无大碍，也算是不幸中的万幸了。况且，他并没有丧失工作的能力，依旧能像过去一样和自己共同维持这个家，和店老板失去丈夫、爱子的痛苦相比，自己的这点委屈又算得了什么呢？

写到这里，不禁想起印度流传的一则古老的故事，说佛祖为了消除人类的痛苦，从人间选了100个自以为最不幸的人，让他们把自己的痛苦写在纸条上。写完后，佛祖让这些人把手里的纸条相互交换。结果，这100个人在看过其他人的纸条后，个个都很惊讶。过去，他们总以为自己是最不幸的人，现在才知道，还有人比自己更痛苦。

契诃夫说过："若是你的手扎了一根刺，那你应该高兴，挺好，多亏这根刺不是扎在眼睛里。"我们要学会用两只眼睛看世界，一只眼睛看到比自己更不幸的人，你会知足满意；另一只眼睛看到自己的幸运，你会快乐幸福。人生就像是喝咖啡，你觉得嘴里尝到的苦，其实还有更苦的。在命运掀起波澜的时候，体会一下约翰说的那句话——"永远有人比你更不幸"，你就会明白，世间没有什么是过不去的。

# 在安静中，不慌不忙地坚强

在漫长的人生里，每个人都会遭遇低谷和沟坎，在黑夜中看不到一丝星光，甚至举步维艰、悲观绝望。当这一刻来临的时候，你是否还能保持住最初的那份从容，不被命运压垮，淡定如菊地笑对所有？

静姝出生在云贵地区的一个偏僻山村，父母养育了5个孩子，她是老大。因为家境贫寒，她读完小学就被迫辍学了，在家种地、担水、喂猪……做着城市里同龄女孩想都未想过的事。那时候，她唯一的心愿就是能吃上白米饭。

年龄稍大一点后，静姝跟着大人们到煤矿去背煤。崎岖的山路很难走，通常一走就是一天，渴了就喝路边的水。她年纪小，累了也不敢多歇一会儿，生怕掉队迷了路。那时，她内心萌生了一个念头：只要有可能，一定要走出这座大山，让自己和家人过上好日子。

几年后，村里有一个人从广东回来招工。她听说后，瞒着家里偷偷报了名。临走那天，家里人发现了她，她一边哭一边喊：“别再追我了，让我走吧。等我赚了钱，回来给家里盖房子。”家里人最终还是没追上她，而她就这样带着几件破旧的衣服，踏上了寻梦的路。

现实是残酷的，等待她的并不是天堂。她和一群女孩子被骗到了一个黑工厂加工鞋子，一干就是半年，没日没夜，没自由。她说，那段日子很苦，比在老家的日子还苦，没有人格尊严，也没有人身自由，吃不饱、睡不好，还经常无端被打骂。

后来，她们轮流给守门的大哥洗衣服，全是利用睡眠的时间洗，那样的日子足足持续了两个月，每天只能睡两三个钟头。她们不停地跟守门人说好话，渐渐地，守门人对她们的态度和善起来。她们趁机提出要求，大哥，放我们走吧，我们会感激你一辈子的。说了不知多少遍，终于有一天，守门人动了恻隐之心，在一个漆黑的夜里把门悄悄打开，放她们走了。因为只是一个临时的决定，当她们得知可以逃离“火坑”时，兴奋得东西也顾不上拿，慌忙就逃走了。

一群从大山里走出来的、最高文化是小学六年级的女孩子，凭借着想要过上好日子的愿望，在一个陌生的城市里恐惧地向前狂奔。鞋子不知什么时候跑丢了，脚上流着血，但她们全然不顾。当看到一辆上面写着“广州”字样的车时，静姝激动地叫了起来，把所有的希望都寄托在了那辆车上。她们搜遍了全身的口袋，总算是搭上了前往广州的车。没想到，那是一辆黑车，途中就把她们赶下了车，骗她们说到了。

最后，这群身无分文的女孩子，在黑夜里徒步走了100多公里，抵达了广州。到广州的那个早上，她们一个个蓬头垢面，衣衫褴褛，幸亏遇到一位好心的老乡，收留了她们，给了她们一条活路。静姝说：“要不是她帮忙，我们大概真的会客死异乡。我一辈子都感激她，现在每次去广州，我都会去看望她。”

在老乡的饭店里待了一段时间，她们又找了其他工作。一起来的女孩子在条件好一点后，就陆续回老家了，有的嫁人了，有的回家谋生，只有静姝一个人留了下来。问及留下来的原因，她说：“当我带着一群女孩子在往广州的路上奔跑时，我并不认识路，也不知道要去哪里，我只知道一直往前跑肯定不会错。一来我不想再被抓回黑工厂，二来我还没赚到钱，不能就这样回去。我完全没有退路，我不想再过回以前的日子，我必须拼一拼。”

后来每每遇到挫折时，静姝都会想起逃往广州的那条漆黑的长路。眼前的路只有一条，就是前进，不停地前进。她坚定地说：“除了自己，没有人能打倒你。只要坚持下去，前面永远是通途。”

10年后，静姝用赚的钱给家里盖了房子，为弟弟妹妹攒了读书的钱。她说很感谢贫穷，如果不是家里太穷，或许她也会跟村里其他的女孩子一样，早早就嫁人生子，一辈子都不会想走出那座大山。

自觉文化水平太低的她，一直没忘了学习。即便是在背煤、在黑工厂打工期间，她也没有中断过学习。经济条件好了以后，她给自己报了补习班，参加了成考。如今，她已是深圳一家工厂里的中层主管，写作、主持会议都很出色。若不是听她说，没人敢相信她只上了6年的学。她带新人时，从来不隐瞒自己的过去，而是把那些经历当成经验告诉更多的年轻人。

静姝经常把这句话挂在嘴边：“路在自己的脚下，命运靠自己掌握。你想要怎样的生活，就要付诸怎样的行动，少抱怨，多努力。”

生命中有太多的挫折，让我们来不及消化，就无声无息地来了。

面对这些，我们要做的是安静下来，不慌不忙地坚强。就像静姝这样，默默地接受蜕变，当高飞的翅膀还稚嫩的时候，勇敢地去收集力量。也许此刻会被打败，也许今天还会受到压制，但可以暂时隐忍，像卧薪尝胆，不慌不忙地积蓄力量，当有一天我们变得强大起来，便能够撑起自己的一片天。

## 心存希望是一件很好的事

电影《肖申克的救赎》里说：“这个世界穿透一切高墙的东西，它就在我们的内心深处，他们无法达到，也接触不到，那就是希望。”

1942年9月，维也纳知名精神病学家维克托·弗兰克尔被逮捕，与妻子、父母一同被遣送到纳粹集中营。他没有犯什么罪，只因他是犹太人。3年后，他所在的集中营获得解放，但此时，他怀孕的妻子以及大多数家人在此之前都已纷纷离世，只剩他一个人活了下来。

在纳粹营的日子里，亲眼目睹至亲至爱的人离开，可他始终没有放弃对生存、对自由的渴望。他每天都坚持刮胡子，无论身体多么虚弱，哪怕是用一片玻璃刀当作剃刀，他也坚持这样做。因为，刮了胡子会让自己看起来脸色红润，健康状况不错，从而避免在列队检查时被认为身体欠佳，而被送进毒气房。然而，纳粹营每天只供给两片面包和三碗稀麦片粥，他的身体还是在日趋衰弱，并要忍受重负荷的劳动，经常夜里3点就被叫起来去工作。

维克托·弗兰克尔无时无刻不在想逃离的办法。同伴们得知他的想法，都嘲笑他痴人说梦，来到这个地方就没有人想过能活着出去。既然来了，就安心地干活吧，这样兴许还能多活几天。弗兰克尔不相信自己会在这里死去，他发誓一定要活着出去。

机会终于来了。一次野外干活时，弗兰克尔看到不远处有一堆赤裸的死尸，他在这些死人的身上看到了生的希望。趁着黄昏收工的时候，他钻到了大卡车底下，把衣服脱光，趁人不注意悄悄地爬到了那堆死尸上。尸体散发着令人作呕的气息，还有蚊虫的叮咬，他咬着牙忍受着。直到深夜，他确定周围没有人了，才爬起来光着身子一口气跑了70公里。

弗兰克尔真的逃了出去，简直成了奇迹。后来，他对人们说：“在任何特定的环境中，人们还有一种最后的自由，就是选择自己的态度。”

每个女人的一生都不可能一马平川，在前进的道路上总有沟沟坎坎、悲伤沮丧，但无论怎样，都请你在严峻的挑战和不幸面前，对生活保留一份希望。希望是内心开出的一朵花，有了它的存在，你才会相信，无论多远的路都能走到尽头，无论多深的痛苦都会有结束的一天；有了它的存在，你才会明白，接下来的路该往哪儿走，该怎样去走。

10年前，她不幸被确诊为淋巴癌中期。在拿到确诊书的那一瞬间，这晴天霹雳一样的消息让人的血液顿时凝结了。原本平凡美好的家庭，一下子被这突然来袭的坏消息击入谷底，可即便如此，丈夫还

wish

是说：“一定要治好，一定要治好。”

几次手术后，医生告诉她，如果5年内没有病变，手术就算成功。5年，多么漫长的考验和煎熬啊！不久，她加入了癌症康复俱乐部，认识了许多身患绝症的朋友，他们并不像一群病人，反而个个神采奕奕，阳光明媚。大概是被这种氛围影响到了，她重新对生命燃起了希望。她跟姐妹们一起跳舞，跟兄弟们聊天，有了他们的陪伴，她觉得自己好像年轻了。

终于，她安全地度过了人生中最难熬的5年。不仅是她，她的家人以及俱乐部的朋友都为之感到高兴。此时此刻，她的女儿也考入一所重点高中，真可谓好事成双。当时，她觉得幸福极了，浑身热血沸腾地准备迎接新生活。

刚刚愈合伤口的家庭，还沉浸在喜悦的余温中，不幸的事再次降临了。她再次被诊断为癌症，可怕的癌细胞像一盆冰水，将全家人新燃起的希望浇灭。女儿哭了，害怕妈妈会离开，而她却没有掉一滴眼泪，抱着那百分之十的希望签了手术单。她被推入手术室时，家人屏住了呼吸，默默祈祷上天能赐予她一次新的生命。手术持续了几个钟头，她的生命保住了，只是后半生恐怕要在轮椅上度过，语言功能也可能因为手术而受到影响，几乎尽失。

看到她的样子，女儿和丈夫无言以对，只求她能够康复。她不能说话，但她会笑，会写字，会打字。她习惯抱着平板电脑，把自己想说的话打出来：“不要担心我，说不定有一天我又能说话了呢！我们此刻还在一起，就是幸福。”

面对癌症，她对自己的人生充满了希望，尽管这希望也许永远无法实现，但至少让她的世界里多了快乐和安心。生命的价值不仅在于活着，更在于有一颗希望的心。无论是阴霾的生活，还是失败的打击，都不让乌云遮住阳光。心存希望永远都是一件好事，也许是人间至善，因为它引领着我们通往自由，通往幸福。

## 做一朵风雨中的铿锵玫瑰

巴尔扎克说过：“世界上的事情永远不是绝对的，结果完全因人而异。苦难对于天才是垫脚石，对于强者是一笔财富，对于弱者是万丈深渊。”

人生总要经受各种各样的苦难，当痛苦降临时，有些女人会自怨自艾、意志消沉；有些女人却会勇敢坚定地借助挫折和苦难来锤炼自己的意志，为自己走过磨难而咽下所有的心酸，对于她们而言，苦难就是一笔财富。通常，也只有历经磨难的女人，才更加懂得珍惜生命，珍爱自己，更有资格享受生命。

英国女孩艾米丽曾经营了一家婚纱店。满腹才华的她，不仅能设计出漂亮的婚纱款式，对色彩的搭配也很独到，加之她有一位做高官的父亲，当地的不少达官显贵都会找她来设计制作婚纱礼服。虽未做过广告宣传，但络绎不绝的顾客让她的店有了一定的知名度和良好的口碑。

艾米丽30岁时，事业就已经如日中天，这让她颇为自豪。可谁也没想到，一场无情的大火彻底改变了她的生活——工厂被烧毁，父亲也在大火中不幸身亡。失去了赖以生存的工厂，没有了令她骄傲的坚实靠山，与挚爱的父亲从此阴阳相隔，艾米丽悲痛欲绝。尽管消防员们尽力从火灾现场救出了一批纱料，但基本上都有不同程度的损毁，无法再利用。

这场灾难来得太突然，让艾米丽毫无防备，措手不及。痛定思痛，她实在不甘心自己倾注的心血就这样付诸东流。她决心，要尽一切力量修复工厂，只是此时，根本没有亲戚朋友愿意借钱给她，银行对她的贷款要求也一再拒绝。

几乎所有能够尝试的办法，艾米丽都试过了，却始终找不到一条出路。艾米丽痛苦得难以名状，甚至想到了轻生。此时，一向温和优雅的母亲劝导她：“孩子，大火烧毁了工厂，带走了你的父亲，这并不可怕，可怕的是它烧毁了你的信念，这比烧毁什么都令人惋惜。”

这番话让情绪失控的艾米丽暂时冷静了下来。她觉得，母亲的话很有道理，人若没有了信念的支撑，比失去物质更可怕。她收拾好心情，准备再想办法修复工厂，而她唯一还拥有的资本，就是那批有着不同程度破损的纱料。

为了寻找走出困境的办法，她经常一个人在街上漫无目的地游走。偶然的一天，她不知不觉来到一家商场的玩具柜台，那里陈列着许多芭比娃娃和配套的玩具礼服，看着那些颜色鲜艳、款式各异的小礼服，她的脑海里突然闪出了一个想法。

此后的一段时间，艾米丽把自己关在家里，她剪掉那批纱料上损毁的部分，用余下的材料制成了精巧的芭比礼服。等到缝制的小礼服达到一定数量后，艾米丽就带着它们去寻找买家。在这一点上，她发挥出了设计婚纱的特长，加之那些纱料原本就质地优良，而她的制作又非常细致，基本上没有费什么周折，她就把这批货物推销出去了。

小试牛刀的成功，给艾米丽带来了信心，她终于又看到了希望。随后，她开始召集员工，加班加点地生产。最终，那批破损的纱料就给艾米丽换回了修复工厂的第一笔资金。2年后，艾米丽的工厂经过修缮，顺利复工。

我们不是艾米丽，却也可能和她一样，遭遇属于自己的一场“大火”，带走原本属于我们的一切，留下一个狼狈不堪的处境和一条千辛万难的前路。可就像艾米丽的母亲告诫她的那样，生命的大火烧毁曾经拥有的一切并不可怕，可怕的是丢掉了内心的信念，没有了航行的灯塔，就丧失了奋争的力量和改变的可能。

诚然，我们都爱那温室里娇艳欲坠的红色玫瑰，也爱那风和日丽天气下向阳开的黄色花蕊，却忘了还有一种美，是经历风雨的洗礼，在风中摇曳生姿，在天晴后吐露雨珠，那是一种震撼人心的铿锵之美。

香港著名演员狄娜去世后，全港一片哗然，不少香港报纸都将这条消息作为头版头条。一切只因，这个女人的一生太过传奇。

狄娜在娱乐圈付出了很多，但始终一文不名。结婚后，原本以为生活能安稳下来，却不料有了婚变。丈夫召开记者会宣布，说女儿不是他的骨肉。之后，她跟丈夫分道扬镳。

不幸并未结束，1974年，狄娜宣布破产，她是香港历史上第一个申请破产的人。尽管到了人生的最低潮，但她并未气馁，而是选择了北上经商。经过多年的奋斗，她渐渐发展成坐拥20亿身家的巨富。

提及自己的成功之道，狄娜如是说：“我性格坚强，绝不会怨天尤人，多谢上天，我的人生没有白过。”周围的许多朋友对狄娜的评价也是如出一辙，他们这样形容：“一个如此Tough（坚韧）的女人。”

几米的《希望井》里有这样一段话：“掉进深井，我大声呼喊，等待救援……天黑了，安然低头，才发现水面满是闪烁的星光。我在最深的绝望里，遇见最美丽的惊喜。” 从来没有绝望的生活，只有绝望的人。无论境遇多么糟糕，只要内心相信风会住、雨会停，黑夜总会过去，便能在困境中看到希望，用坚韧扭转一切。

## 只要勇敢面对，终会越过荆棘

被美国《时代》周刊评为20世纪最有影响力的100位艺术家中，莱妮丽劳斯塔尔是唯一的一位女性。她出生在一个德国商人家庭，自幼漂亮可爱，当时几乎所有人都觉得，这样一位出身富裕、面容姣好的女孩，将来定是一番坦途。

记得《阿甘正传》里说："生活就像一盒巧克力，你永远不知道下一块是什么味道。"此话用在莱妮丽劳斯塔尔身上，再合适不过了。她后来的人生历经坎坷，简直让人无法相信。

大概是在20岁那年，她被纳粹头目"钦点"为战争专用宣传工具。后来，德国战败，她因受牵连被判入狱，服刑4年。刑满释放后，她想重新回到自己熟悉的演艺圈，却因为历史污点，遭到了主流媒体的嫌弃和排挤。一连十几年，她都走不出刑满释放囚犯的影子，也没有人敢用她，甚至没人敢娶她。

直到50岁，她依旧孑然一身，过着形单影只的日子。那年的生日，她想起过往的种种，痛心至极，一个人喝得酩酊大醉。醒来后，她做了一个惊人的决定：独自深入非洲原始部落，采写、拍摄独家新闻。她不是空想，之后的2年里，她克服了种种困难，拍摄了大量努巴人生活的影集，这些照片一举奠定了她在国内摄影界的地位。

事业的成功，也给莱妮丽劳斯塔尔带来了爱情。一位30岁的小伙子被她的精神和经历深深吸引，对她展开了追求。由于两人是同行，相同的兴趣爱好让他们相谈甚欢，最终超越了年龄的隔阂与外界的舆论，结为连理。在接下来的近半个世纪的时光里，他们一起出入战火和内乱交困的非洲部落，深入大西洋海底世界探险，书写了一段美丽浪漫的爱情。

曾经，莱妮丽劳斯塔尔为了让自己的拍摄才华与神秘的海底世界融为一体，68岁高龄还去学潜水。这样的付出没有白费，她以一部长45分钟的精美短片《水下世界》写下了纪录电影的一个里程碑，也为自己的艺术生命画上了一个圆满的结尾。

莱妮丽劳斯塔尔传奇的一生，恰如心理学家约翰·霍兰德所言：“在最黑的土地上生长着最娇艳的花朵，那些最伟岸挺拔的树木也总是在最陡峭的岩石中扎根，昂首向天。”生命的成长与成熟，几乎都是在逆境中淬炼出来的，无论身处怎样的境遇中，都不要过早地给人生下结论。只要勇敢面对，终会越过荆棘，踏上平坦之途。

女孩出生在一个山清水秀的南方小镇，父亲是镇上有名的石匠，母亲的刺绣在当地也是出了名的。父母的精湛手艺给家里带来了不错的收入，女孩也很争气，在同龄的孩子中学业一直出类拔萃。

就在女孩读高二那年，父亲在一次采石工作中被砸断了双腿，险些丧命。母亲因忧伤过度，视力受到了影响，再不能继续之前的刺绣活儿。突如其来的灾难，让一个曾经幸福无比的小家瞬间被击垮了。最困难的时候，家里没有一分半点的经济收入。父亲没有持续治疗的药费，家里的日常起居也受到了影响，女孩的学费更是无从着落。虽有亲戚朋友接济，但终究不是长久之计。

女孩高中毕业后，没有继续上大学，而是辞别父母去了大城市，想找一份工作来养家。可惜，在遍地是人才的城市里，只有高中学历的她遭到了诸多单位的拒绝。在她有些绝望的时候，一家保洁公司因业务扩张录用了她。这家公司主要负责一些商场、写字楼和饭店餐厅的整体保洁工作，而女孩要负责的就是收集垃圾，公司管食宿，月工资500块钱。

当年的500块钱，可谓是所有行业中最低的工资标准了。工作累、待遇低，很多人都是干了一段就辞职了，唯有女孩做得很开心，她相信自己不会永远拿500块钱的薪水。她在这家公司一干就是5年，且做得很认真、很卖力，有空的时候还会帮客户做点跑腿的事。

渐渐地，她在客户中有了不错的口碑，且跟许多服务对象成了朋友。这几年里，有人觉得女孩胸无大志，拿这么点薪水还对雇主感恩戴德的；也有人觉得女孩死脑筋，不知道换一份工作。他们不知道，女孩子在这份看似简单的工作中，已经积攒了不少的人脉关系，并悄悄做好了未来的规划。

5年后的一天，人们熟知的那个清洁工突然消失了。几天后，一家同城快递公司开业了，老板恰恰是收了5年清洁垃圾的女孩。同城快递的竞争很激烈，但女孩的公司很快就打开了局面。原因很简单，她在5年里走遍了每个写字楼、宾馆、商场，结识了里面的人，她的认真、积极给人留下了深刻的印象，人们都信得过她。

女孩从一辆小电动车起步，到后来拥有几辆车、十几个员工的快递公司老板。有人说她运气好，听到这样的评价，她总是笑笑，不做任何解释。懂她的人都明白，这份云淡风轻的笑，背后是一颗勇敢而强大的心。所谓的好运，不过是在命运给出历练的考题时，咬着牙撑住去完成一道道测试，最终换来的奖品而已。

对所有女人来说，人生都是一场前途未卜的旅途，谁也不知道会在将来的路上遇见什么、经历什么，但无论上天赐予你的是多么不完美的生活，都要学着勇敢去接受，努力而积极地活着，让自己成长得更为坚强和优秀。

# 第六章

## 别急着爱，把最好的你留给对的人

生命中最难挨的时刻都应该试着独自熬过去，在感情的空白期更是不能输给欲望和贪念。在最孤独的时光里塑造出最好的自己，笑着对旁人说起那些云淡风轻的过去，等待与那个对的人不期而遇。

# 欲嫁王子，先把自己变成公主

在最美的年华里，遇见一个对的人，这大概是世间所有女孩对爱情的憧憬。最好呢，那个人是一位英俊帅气、气质高雅的王子，就像偶像剧里所演绎的那般，让自己有机会做一回玛丽苏式的女主角。

无奈生活不是童话，且远比戏剧更残酷。现实的王子似乎总是虚无缥缈的，或是给人一种望尘莫及之感，即便有机会站在他面前表白，许多女孩也是再三犹豫，迟迟不敢将那句话说出口，怕自己配不上，怕自尊被伤害，最终眼睁睁地让他与自己擦肩而过。

王子与灰姑娘的故事，只能在童话和偶像剧里上演，现实中的他们鲜少有交集。想要跟王子相识牵手，先要从内到外把自己塑造成公主。千万不要想着，有了姣好的容貌就能吸引王子，真正的高贵不只在外表，还在于内心。优质的男人在选择终身伴侣时，也是比较理智的，相比花瓶美女，他们更喜欢独立、善良、能干、有才华、有内涵、有智慧的女子。唯有具备了这些资本，才能让王子另眼相看。

静出生在南方的一座小城市，凭借自己的努力，她考进了上海的一所知名大学。大学期间，周围的女孩子都忙着品尝爱情的味道，她却不慌不忙、不焦不躁，上课之余就到图书馆看书，自学英语。

从大二开始，她变得更忙了，不仅要忙学业，还要做兼职，给一家工作室供应稿件。每天，她很早就要去自习室，晚上要临近熄灯才回来。寝室的姐妹们都劝她别太拼了，大学的时光多美妙，要好好享受才对！她只是笑，却不曾做任何解释。

利用稿费赚来的钱，她报了新东方的辅导班。到了大四那年，她以出色的托福成绩和GRE成绩申请到了美国加州的一所大学，并拿到了奖学金。至此，寝室的姑娘们才知道，静的努力是为了更广阔的天地，她想要的不是这片校园里的小浪漫，她有自己的“心高气傲”。

静从未向别人说起过内心的秘密，她心仪的那个男生，就在加州读书。她知道对方很优秀，也知道他对自己有好感，但更清楚他会在那片广阔的天地里结识更多优秀的女生。如果自己不努力变得更好，就算有一天如愿跟他在一起了，彼此间的差距也会日益凸显。唯有时刻让自己与他并肩而立，让他感受到自己的优秀和美好，才有可能爱得长久。

生活是现实的，不总能顺畅地抒写一个团圆的结局。静最终没有和心仪的男生走到一起，男生毕业后回国发展了，而她留在美国继续深造和发展。但上天也是公平的，静在后来的工作中，遇见了自己的真命天子。

那真的是一位颇受女孩青睐的男士，在众多的可选择对象中，他认定了模样并不算漂亮的静。说起原因，就像《刺猬的优雅》中所言的那般：“只有频率相同的人，才能看见彼此内心深处不为人知的优

雅。在偌大的世界里，我们会因为这份珍贵的懂得而不再孤独。”

有句话说：“你是什么样的人，就会遇见什么样的人。”当静从一个小城姑娘，靠着自己的努力一步步抵达了周围人望尘莫及的高度，完成了从内到外的蜕变时，她周围的环境、接触的人群也发生了变化，最终遇见了那个频率相同的人，认识到了她那份深邃的美好。

欲想嫁王子，必须先成为公主。新时代的“门当户对”，是心灵、人格、学识上的平等，是灵魂深处的碰撞。生而为灰姑娘不要紧，重要的是不断地完善自身，当你越来越漂亮时，自然会有人关注你；当你越来越有能力时，自然会有人看得起你；当你修炼出一份经得起考验的高贵时，自会有王子抛出玫瑰花。

要成为公主，先得给自己一个方向，浑浑噩噩地度日换不来美好的生活，任何的幸福都需要靠自己去争取。不要坐等优秀男人的青睐，你要把更多的心思放在自己的身上，只有变得和他们一样优秀，才能找到说话的机会。

要成为公主，也须有一颗高贵的心。无论出身怎样，都不要沮丧地认为自己无法改变命运，只能跟条件差不多的人将就着过一生。世间有许多原本比你还平凡的女子，之所以能够挽着优秀的男人过上优质的生活，不是因为她们幸运，而是她们自信，用行动撑起了梦想，提升学识、内涵、修养、能力，是她们从未放弃过的功课。

愿每一个心向美好的姑娘，在此后的人生里，都能不急不躁地活成自己喜欢的样子，以最美好的姿态邂逅那个对的人，且以情深到白首。

## 慢一点去爱，天没老，地也没荒

爱情这件事，本该是慢慢来的：在我刚刚遇见你的时候，你也刚好爱上我，就在一起了；渴望厮守一辈子，管他嫁妆房子，有你就好，结婚生子，顺其自然。然而，不知道从什么时候开始，一切都提前了，仿佛都在追逐效率和结果，提前了告别，也提前了结束。

在一档大型的相亲栏目中，男嘉宾不远千里从台湾奔赴南京，只为自己心动的女孩。他说了一番深情的告别："我很想插手你的人生，和你一起遛狗、看电影，宅在家里发呆，做饭给你吃。照顾你是我的责任，如果你愿意，我会用我的生命呵护你，直到永远。"

听起来已经足够真诚了，但这还只是一个开始，他继续说："你若不嫁，我便不娶。之前，我了解过你的一切，你生于××××年××月××日，××星座，×型血，祖籍在贵州，是少数民族之一，出生在湖南，长大在广州。18岁一个人去了上海打拼，你一直在照顾你的哥哥，是该有个人照顾你了……"

如此炽热的表白，打动了现场的许多人，也让那个女生掉了眼泪。但是，她没有选择他，她说："我感到惊惶不安。在录制现场，我的心久久不能平静，多年努力想要忘掉的东西，一层层地被剥开，浑身伤痕累累地呈现在舞台上……"

爱得太急切，爱得太浓烈，让另一半感到窒息和压力，最终擦肩而过。很多时候，超越时间、空间的了解会使人心生暖意，若抱着一种急功近利的心态，对彼此了解到无死角可言，就会让对方产生一种胆战到自我保护的心理。

同样向这位女孩表白的另一个男嘉宾，流露得就很温婉自然。他缓缓地面对女孩说："确实，我对你还不是很了解，这样也挺好，两个人都不太知道对方是什么样子，就像一张白纸似的，一块儿在上面画画、写字，我希望有这么一个机会。"

漫漫红尘路，携手成长，经年相爱，谈一场不赶时间的恋爱，多好！这道理就像是自然界最原始的长成，"一粒种子就是要慢慢成熟，谁也决定不了它成长的速度；而你手里的苹果，耽搁了时间，就不再好吃了。还原世界本来的面目，一切慢慢来"。

慢节奏电影《恋爱、美食和祈祷》中的主角伊丽莎白，有着一个美国成功女性拥有的一切：出彩的事业，丈夫，大房子。表面看起来很幸福的她，其实并不知道自己真正想要的是什么，她的人生，始终没有一段空白的经历。

"15岁起，我不是在恋爱就是在分手，我从没为自己活过两个星期，只和自己相处。"这就是伊丽莎白真实的人生。原本以为，长大后的自己会是儿女成群的母亲，但婚后她才发现，自己既不想要孩子，也不想要丈夫，这种纠结让她每天活在迷惘和恐惧中。

为了给自己时间和空间想清楚，她辞掉了工作，走出变质的婚姻，摆脱所有的物质羁绊，开始了一个人的旅行。这一走，就是一年。在意大利罗马，她品尝美食，尽享感官上的满足，在世间最好的比萨与美酒的陪伴下，她感觉到了灵魂的重生。在印度，当地的古鲁和一位牛仔帮助她用4个月的时间走进自己的精神世界，与瑜伽为伴的日子，洗涤了她那颗混乱的心。在印尼的巴厘岛，她找到了平衡世俗想法和精神超越的艺术，并意外地收获了爱情。

是的，世间真正美好的东西，永远都是需要时间和耐心慢慢品尝的。就像伊丽莎白，年轻时爱得太急，走得太快，到头来才发现所得到的都是自己不想要的，包括爱情和婚姻。此番情景，在当下这个浮躁的时代并不少见。太多物质的生长周期都被人为缩短，热恋期缩短，婚姻的平均寿命缩短，原因就是太着急，惶惶不可终日，直至最后忘记了自己是谁。

爱情不是一份快餐，婚姻也不是一场游戏。不要因为周围的人都有了归宿，就匆匆找个人恋爱；不要因为父母在耳边催促，就随便找个人结婚；更不要因为年龄的渐长，就怀疑没有机会再遇见更好的人。他尚未到来的时候，在一个人的时光里让自己变得足够优秀；他来到你的世界里，就好好去品尝和享受爱的甜蜜。不要急着去将就，也不要急着马上有一个结果，慢一点去爱，才更懂爱的可贵。

## 上天没给你想要的，是你值得拥有更好的

“一个不相信真爱的女孩，遇上了一个疯狂爱上她的男孩”，这是电影《和莎莫的500天》的宣传语，也是一段现实中许许多多爱情故事的翻版。

女孩莎莫有着天使般的笑容，男孩汤姆是一个有着建筑师梦想的普通职员，相同的爱好让他们迅速坠入了爱河。汤姆相信命运的安排，坚信莎莫是他毕生的唯一，而莎莫因父母离异的经历，对恋爱和婚姻充满了不安与恐惧。爱情中的甜言蜜语，到了这对恋人的生活中，就成了一种矛盾，一个相信命中注定，一个却清醒得可怕。终于，在一个阳光温暖的午后，汤姆的爱情堡垒轰然倒塌：莎莫毫无理由地提出了分手。

许久以后，他们还好吗？故事的结局，原本不相信婚姻的莎莫，成了别人的妻子；坚信命中注定的汤姆，却对爱情燃起了憎恨之心。恰巧在这时，汤姆的生命中又出现了一个让他怦然心动的女孩，那一瞬间，他恍然醒悟：原来没有什么所谓的命中注定，奇迹也不会天天

发生，一切都只是随遇随缘的巧合。

年轻的时候，大概许多女孩都有过类似的经历：默默地喜欢上了一个人，却没有勇气表白，或是因种种原因未能在一起，留下了诸多的遗憾，总觉得后来遇见的人，终不如他那般好；抑或倾尽全力地谈了一场恋爱，却是无疾而终，感觉这一生所有的温暖都被透支了，今后恐怕不会再这样爱一个人，甚至怀疑自己是否还有爱别人的能力。

带着这份惆怅，任由时光一点点地逝去。到最后，本以为永远都忘不掉的人和事，就在春秋的层叠中变得淡了，想起来、说起来，就像是他人的故事，内心不会再荡起涟漪。直到有一天，在你毫无防备的时候，生命里又出现了一个人，重新唤醒喜欢的感觉，燃起你对生活的希望，待到那时，方才明白：原来，未来还有人等待遇见。

晴姑娘喜欢了4年的男孩，最终还是挽着另一个女孩的手，走进了婚姻的殿堂。她故作轻松地在婚礼上送出祝福，眼眶却酸酸的，止不住地想掉眼泪。她无数次地想过跟他在一起的情景，可那句喜欢他的话，却始终没机会说出口。因为，她认识他的时候，他的心里就有了喜欢的人，在他的爱情世界里，自己始终是一个外人。

那段日子，她变得很沉默。所有的爱慕，都化成了琥珀，封存在心里。周围的人都忙着恋爱结婚，她却无心与任何人谈情说爱。心里的伤藏得深深的，没人看得见，自己却疼得直咬牙。她知道，这种痛苦没人能替代，只能自己熬着。

记得有人说过，生命中最难挨的时刻都应该试着独自熬过去，无论你有多渴望某个人能给予你帮助，都要忍耐、再忍耐一番。用最孤独的时光塑造出最好的自己，然后才能笑着对旁人说起那些云淡风轻的过去。

几年后，晴姑娘也嫁人了。夫君论样貌、论家境、论才华，都超过了当年暗恋的男生。当然，更重要的一点是，他视她如珍宝。想起最黯然神伤的那段日子，她说："那场暗恋，耗费了我太多的精力和情感，心里、梦里、脑海里，统统都是他的影子，怨过也恨过，但也明白，不是那花，终究结不出那果。你知道吗？那段日子，真的很煎熬。当时我真的觉得，以后再也不会那样喜欢一个人了。"说到这儿，她轻轻一笑，又言："可谁知道，上天让我遇见了现在的他……所以，感情这件事，真的不好说。"

这世上没有谁离不开谁，无论怎样都要继续生活下去。你自觉透支了所有的温暖，今生恐怕不会再爱时，却不知未来还有人在等你。要成为一个幸福的女子，内心就当相信这个世界充满爱，生活处处都有奇迹，不要因为一次失败的恋爱而心生畏惧，更不要因一场错爱而怀疑所有的真心。

有时候，上天没有给你想要的，不是待你不公，而是你值得拥有更好的。要相信，此时此刻失去的，终有一天会换一种方式回来。

## 没有男人值得你搭上身家性命

曾在医院的急救中心碰到过一个吞食大量安定的女孩，家人把她送来时人还有意识，但情况很危急。医生和护士们表情凝重，神色匆匆地穿梭在急救室，准备给女孩洗胃。

洗胃的过程极其痛苦，走廊里所有的人都能听到女孩凄惨的嘶嚎声，那声音令人不寒而栗，俨然像是一头困兽发出的哀嚎。女孩的家人在外面焦急地等待着，他们还闹不清楚到底发生了什么，这女孩究竟遇见了什么事，竟然要放弃生病?

后来，据给女人洗胃的护士说，在洗胃的时候，女孩嘴里一直嘟囔着："为什么不让我死？我死了，他就会内疚一辈子。"显然，女孩这么做的目的，就是想报复那个负了她真心的男人。她觉得，自己如果死了，他就会一辈子生活在阴影里，觉得亏欠她。

可惜，她所做的一切，不过是自己的一厢情愿；她所设想的报复计划，不过是自己的一意孤行。她在医院里忍受着洗胃的巨大痛苦时，那个男人根本就不知道，也不曾过问她的任何情况。你生或你死，负心的人根本不在乎。

很想告诉世间至情至圣的女孩子，一个活得优雅、内心强大的女子，任何时候都要爱自己，没有任何一个男人值得你搭上身家性命。你若不懂得爱惜自己，别人亦不会爱惜你，用生命去讨好一个人，用生命去挽回一颗心，是最不理智的选择，也是最卑微的姿态。

和他在一起，温暖地相依相偎，是琳生命中最大的幸福。关于他的一切，琳都铭记于心，知道他衣服、裤子、鞋子在不同时期的精准尺寸，知道他喜欢的领带颜色，知道他喜欢的烟酒牌子，知道他最爱的饭菜，知道他喜欢的音乐……从没有刻意去记住这些，只是因为爱，听过见过便烙在了心里。

爱是一个奇幻的东西，让人深陷其中，如痴如醉，甚至忘了自己。他身上发生一点点细微的变化，她都能敏感地察觉出。偶尔，她看到他在微信上与人聊天，莫名其妙地对着手机屏幕笑；接电话的时候也是含糊其辞，故意闪躲。偶尔几次，他回到家中已是深夜，身上还混着酒气和陌生的香气。女人的第六感告诉她，她苦心经营的爱情，可能就要离她而去。

她的心是多么痛啊！从20岁到27岁，7年最美好的时光，刻画了爱的精彩。为了能留住他，她比从前更贴心，就算知道他出轨，也装作什么都没发生。可是，爱走了，谁也阻止不了；情变了，再也找不回来。

某天夜里，她最害怕听到的那句话还是从他嘴里说出了——我爱上了别人，咱们分开吧！她是多么痛心、多么委屈，整个世界瞬间变成了灰色。但她不愿用乞讨的姿态求他留下来，也知道祈求无用，不如就放手，痛痛快快地让他走。

他刚离开的那几天，她像丢了魂一样。凌乱的房间，蓬乱的头发，哭肿的双眼，对镜独照时把自己都吓住了，难道今后都要这样下去吗？她怎么想都觉得不值得，错的人不是自己，何苦要一辈子背负这份逝去的爱？就是从那一刻，她决心改变。

收拾好了房间，洗了温暖的热水澡，穿上最喜欢的衣服，画上精致的妆容，用黑米、香米、枸杞、红枣熬成黏稠浓香的粥，滋养着委屈了好久的胃。吃过饭后，她坐在阳台上给自己泡了一杯茶，窗外飘着雪花，窗内温暖如春。

她想起一首名为*Lydia*的歌："幸福不在远方，开一扇窗许下愿望，你会感受爱，感受恨，感受原谅，生命总不会只充满悲伤。他走了带不走你的天堂，风干后只留下彩虹泪光，他走了你可以把梦留下，总会有个地方等待爱飞翔。"她在心里反复琢磨着这些话，竟豁然开朗。

他走了，今后无须再彻底不眠地等他，不会再躺床上胡思乱想，想他晚饭后去了哪里逍遥；不用再为他熬夜，把自己整得面色憔悴；不会再每天追着问他想吃什么，不会再唠唠叨叨，不会浪费难得的假日等他回家团聚。可以有更多时间去逛街，看到满大街的衣裙，只要喜欢的就买，用不着再听他的"建议"……这样想着，她突然很想对他说一声谢谢：谢谢你的离开，让我有机会开始更精彩的生活。

不是每段恋情都有美好回忆，但也不是每段感情的结束都是一场悲剧。在每一个梦醒时分，悲伤难过都是难免的，可是人生还长，不用把未来的幸福都输给过去，更不必为了某个人的离开而放弃自己的生命。当一个男人开始怠慢你，或是决意离开你，无须用讨好的姿态唤回他，不懂疼惜你的人，愈是迎合愈得不到重视。

做一个淡定的女子吧！爱的时候独立优雅，离开的时候同样也要高贵潇洒。不畏谁的背叛，不畏谁的离开，收拾起悲伤，照顾好自己，重新认识自我，重新审视自己的价值，重新塑造自我，就像凤凰涅槃，在欲火中重生。

## 若爱就请深爱，不爱就请拒绝

爱情的世界里，不怕没有遇到合适的人，最怕稀里糊涂地陷入滥情的旋涡。

见过不少姑娘，在感情的空白期里，遇见了一些投缘的异性朋友，相处的时间久了，感情也就深了。忽然有一天，有人深情告白，希望她能成为自己的恋人。她们半推半就，没有明确的态度，结果就稀里糊涂地与对方在一起，友情至此成了恋情。

是真的爱他吗？说不清楚。也许，心里并不是真的想跟他成为恋人，只是害怕拒绝会伤害他，所以选择顺从。在接受的过程中，虚荣心得到了满足，情感得到了释放，唯有爱情不明不白。直到有一天，生活中出现了一个自己很喜欢的人，恰好对方也喜欢自己，内心不由自主地倾向于他。就是从这时开始，生活被彻底打乱了，开始偷偷摸摸地跟对方交往，心里却充满了恐惧，担心被男友发现。

终于，忍无可忍后，向男友提出分手。事实上，两个人从来都不曾牵过手。他伤心欲绝，痛斥她为何要背叛；她很委屈、很沮丧，不想失去一个要好的朋友，可事已至此，彼此再没有成为朋友的机会。最好的结局，就是成为陌路，各安天涯，说不定还会心存怨恨。

为什么会走到这一步呢？恰恰就是因为不懂拒绝。无论是出于怕伤害对方，还是出于对温暖的贪恋，都是不理智的。若爱，就要深爱；不爱，就要果断拒绝。错误的接受，比拒绝对人的伤害更严重。更糟糕的是，不懂拒绝，半推半就，还可能给自己带来难以弥补的伤害。

一个单纯漂亮的女孩，毕业后到一家私企做经理助理。经理大她20岁，但看起来仍然风度翩翩，说话做事都很有风范。女孩刚进公司时，虽没什么经验，做事也频繁出错，但经理却从未指责过她，而是细心地引导她，教她如何与人相处，那感觉既像忘年交，又像是充满怜爱的长辈。

不过，经理有一个很不好的习惯，对她过于热情，两人独处的时候，经常会摸摸她的头，拍拍她的肩膀。对经理的这些举动，她心里有些反感，但并没有严词拒绝，一方面是碍于上下级的关系，一方面是她对经理有些崇拜之情。

在她的不动声色中，经理的这些小动作变得更频繁了，也更大胆了。有时，他会摸摸她的手，语重心长地跟她说话；她做出成绩的时候，他甚至会抱一下她以示鼓励。女孩不喜欢，但还是没有说出来，依然笑脸相迎，她不想让自己难堪，也不想看到经理的尴尬。

在公司的庆功会上，其他员工都在酒店的大厅里喝酒，之后去KTV唱歌。经理把女孩叫到房间，说让她跟自己多喝几杯，顺便谈谈接下来的工作计划。女孩答应了，没想到几杯酒喝完后，头就昏昏沉沉的，迷迷糊糊中她听见经理夸她漂亮、能干，还热情地拥抱她。在酒精的作用下，她就这样失去了贞洁。

酒醒后，她懊悔万分。回想整件事情，也许经理是蓄意谋划好的，但自己又何尝没有责任呢？倘若从一开始就明确自己的态度，坚定地拒绝，又怎会发生后来的事呢？最后，公司以一个莫名其妙的理由将女孩辞退，她失去了工作，也失去了贞洁。没有人知道，这段阴影要跟随她多久，究竟什么时候才能释怀。

人生是一场单程的旅行，没有回头路可走。正因为此，女人才更要懂得爱惜自己，避免滥情。面对情感的诱惑，一定要跟随内心的声音来做选择。若是不爱，就明确地拒绝；若是犹豫，向对方讲明情况，给彼此慎重考虑的机会。切忌怕拒绝让别人难为情而违心接受，接受之后再拒绝，对彼此的伤害更大。同时，社会是复杂的，爱情这件美好的事偶尔也会被人利用。在面对他人的热情时，也要擦亮眼睛，理性地分辨，千万不要被物欲、情欲操控。

柏拉图曾经说过：“若爱，请深爱；如弃，请彻底……”

每个女人都有追求爱情、选择伴侣的权利，但要爱得优雅、爱得不狼狈，必得学会控制自己的心。不要败给寂寞，不要败给欲望，更不要输给渴求温暖的贪念，要爱就深爱，不爱就离开，不犹豫，坦坦荡荡。也许，在感情的空白期会有些许的孤单和冷清，但那是对爱的珍惜，也是对自己和他人的尊重。

# 生活可以用力一点，爱却当从容

于茫茫人海中，遇见了那个对的人，这是多么幸运的一件事。不过，遇见还只是开始，用什么样的方式去爱，用什么样的方式去相处，才是把幸运变成幸福的关键。女人生来比男人要感性，多少女子在爱情面前失去了理智，以为全身心地投入了，倾尽生命地去爱了，就能紧紧握住对方的手，一生不散。

这样的爱，浓烈而火热，听起来很深情，但若置身其中，却往往会令人感到压抑。

一个年轻的女生对挚爱的男友说："我不能没有你，失去你的人生，我不知道该怎么过。你说我的朋友不喜欢你，我可以不要朋友；你说父母不喜欢你，我可以不跟父母一起生活；你不喜欢我身上的缺点，我都可以改；你不喜欢我做的事，我绝对不再做……"

话还没说完，就被男友打断了。他并不感动，而是充满了不屑，告诉女孩："你知道吗？就是因为你这样，我才没办法继续和你在一起。你的爱让我快要窒息了，你太拼命，而我却无能为力。"

为了爱情，不惜众叛亲离、飞蛾扑火、不管不顾，值得吗？就算值得，可曾想过另一半能否承受得起这般炽热的爱？那则关于刺猬的爱情故事，你一定也听过。

一对刺猬在冬季恋爱了，为了取暖，它们紧紧地拥抱在一起。可每一次拥抱的时候，它们都把对方扎得很疼，鲜血直流。可即便如此，它们还是不愿意分开。最后，它们几乎流尽了身上所有的血，奄奄一息。临死前，它们发誓："若有下辈子，一定要做人，永远在一起。"

上天被它们的爱感动了，决定成全它们。来生，它们转世做了人，并永远地在一起。它们每天朝夕相处，形影不离，每时每刻都黏在一起，可它们一点儿都不幸福。因为，它们变成了连体人。

爱是一种亲密，但不该无间。女诗人王乙宴与她的作曲家先生，婚后经常分室而居，这样的相处方式让两个人都能更好地进入思考和想象的空间，并让世间多了一段佳话："她不住在你的彼岸，你永远成不了音乐家；你不住在她的彼岸，她永远成不了诗人。"

在这个竞争残酷的时代里，女人须有勇气和力量去为了生活打拼，创造自己想要的人生，但在爱情这件事上，太过用力却算不得一件好事。你的心可以爱得浓烈，但你的言行当从容优雅、不疾不徐。

想要呵护自己的爱情，就必须掌握爱的秘诀，那就是适当地保持距离。记得从前看过一篇文章，里面说到"像不爱一样去爱"，感触颇深。

不爱，就不会在意他是否记得你的电话，不会频繁地拨号催他，更不会时刻要他向你汇报在做什么、和谁在一起。如此，就给彼此留出了空间。

不爱，就不会奢望他记得你的生日，送给你礼物。他若记得，便心生感激；他若忘了，也不会过于失落。如此，情变得比物重，不送礼物不代表没有关爱。

不爱，就不会整天唠叨，不会指责他酒喝多了，该换衣服了，要洗澡了，惹得他心烦。如此，他落个清净，你落个清闲；他不会觉得你婆婆妈妈，你也能保持温婉宁静的形象。

不爱，就不会把他的事业当成自己的事业，指指点点，抱怨连天，他不采纳就心情黯然。如此，少操一份心，少添一条皱纹，其实他要的，不过就是默默的支持。

不爱，就不会变得神经过敏，在他接到异性电话时刨根问底，把他的往事当成冷嘲热讽的材料，弄得他心烦意乱。他若参加有初恋情人出席的聚会，为他精选西装、扎领带，不让他丢你的脸。如此，你的付出，他全部记在心里；你的大度，他多一分佩服。

不爱，就不会要求他每天回家吃饭，也不会限制他晚上外出。你越是放得开，他越是愿意回来；你越是拴得紧，他反倒想要逃。如此，他的“自由”在兄弟面前会成为炫耀的资本，你的支持会成为他内心最大的感激。

不爱，就不会委屈自己变成他喜欢的样子，也不会为难他变成自己喜欢的样子。如此，两个人保持原来的本色，舒服地活着，谁都不会感到辛苦。

不爱，就不会把婚姻爱情视为一种交换。金钱、权势、地位，在爱情面前都无足轻重，也不会因为别人有而自己没有，就抱怨他、为难他。如此，爱情永远清澈如水，没有杂质。

身为女性，深感以这样的姿态去爱，是一种幸福，也是一种智慧。真心希望，每一个陷入爱情中的女人，都能够爱得从容一点儿，不被爱所累。

## 纵有百般诱惑，也能波澜不惊

身在一个物欲横流、满眼繁华的世界里，金钱名利、宝马香车、温情款语往往会让人醉眼迷离。在任何诱惑面前保持自我身心纯洁，并不是一件简单而容易的事，唯有内心淡然的女人，才有足够的定力去拒绝。她们深知，诱惑如同美丽的罂粟，外表娇艳，一旦沾染了，就会走上歧途，酿成大错。

苏丽在一家小公司做会计，老板恰巧是她的同乡，加之苏丽本是一个老实人，老板对她特别信任。由于公司刚成立不久，各方面的制度都不太健全，每天都有几万或十几万的流水账经过苏丽的手。初出茅庐的她从未接触过大笔的现金，不知怎的，内心突然萌生了一个念头："要是这些钱能允许自己来支配，该多好啊！"

生活在这个偌大的城市里，租住着狭小的民房，不能洗澡，没有卫生间，这样的日子让苏丽早就心生厌烦。她渴望有钱，渴望早点迈过维持生存这道坎儿……想着想着，她居然动了一个歪念头。

美丽对女人来说，有时如同双刃剑，用好了会成为可贵的资本，用不好就会带来麻烦。苏丽长得漂亮，身边从不乏追求者，只是心高气傲的她一直没有碰到入心的人。这一次，她决定利用自己的优势，去给自己谋得一份舒适的生活。

从那天起，苏丽成了办公室里的一道风景线。她每天早起一个小时化妆打扮，提早到公司给老板打扫办公室的卫生，并记下他爱喝的咖啡牌子，见他快喝完了就主动买给他。她经常借工作之由为自己制造跟老板单独相处的机会，夸赞老板的能干，关心他的生活。老板是独自在外创业，逐渐被这份细心和温暖打动了，跟苏丽的聊天话题也从工作延展到生活和情感上。再后来，一切就如苏丽设计的那样，老板对她动了心，而她做了老板的情人。

苏丽搬离了破旧的民房，住进了宽敞明亮的房子，可支配的钱也不再是那份死工资。这样的地下恋情维持了3年，苏丽也到了28岁的坎儿，同龄的女伴们纷纷找到了归宿，她却有些落寞。起初还有人提议给她介绍对象，但后来大家似乎也都知道了她的情况，便没有人再说类似的话。

其实，苏丽的内心很矛盾，她渴望像别人一样和至爱之人组建家庭，却又舍不得放弃坐享其成的生活；她羡慕别人的敢爱敢恨，却不敢细想自己的所作所为。她知道，在这场以物欲开始的错爱里，得到的只是这一时，不可能长远，每天也是提心吊胆的，生怕对方看穿了自己真实的心思。

每个人都有欲望，生理的欲望、心理的欲望、精神的欲望、物质的欲望，形形色色。失去了欲望，生命也就失去了存在的价值。有欲望并不是一件坏事，工作标准要求更高一些、生活条件更优越一些、让家人过得更好一些，这都是一种精神上的欲望，也是一种健康向上的欲望，我们推崇、提倡这种欲望。但是，如果欲望和诱惑联系在一起，它就会迷失方向，甚至将女人带入不可救赎的深渊。就像苏丽这样，利用青春、美貌、感情去换取舒适的生活，看似是捷径，实则却是迷途。心理上的煎熬，声誉上的污点，终有一天会成为毕生的痛点。

这世间美好的东西太多，女人一定要清醒地知道什么是自己所要的，什么是自己能够得到的。得到的安然处之，得不到的泰然处之，宠辱不惊才是女人面对诱惑最好的心境。

苒的家境不好，读大学的钱都是父母东拼西凑的，这让她无比渴望早点实现经济独立，给家里减轻负担。毕业后，她找了一份普通的工作，薪水不算太高，但她很知足。平时，苒只穿适合自己的衣服，用适合自己的化妆品，从不与周围人攀比，内心的简单与纯净并未被大城市的繁华掩盖。她觉得，人只要做好自己就行了，为金钱、地位出卖灵魂、肉体和青春的事，她断然不会做。

公司的客户中有一位张先生，跟苒有过几次接触，印象深刻。他发现，这个女孩子身上有一股子清澈的气息，不媚俗，不虚荣。同是单身的他，对苒有了好感。买花、请吃西餐、看话剧、送首饰，但苒都不为所动，她礼貌地回绝了那些贵重的礼物，说不能接受。张先生有点失落，但更坚定了决心，一个能看淡名利、毫不虚荣的女孩，值得追求和喜爱。

他放弃了商人式的表白，试着深入地去了解苒。渐渐地，他发现苒经常去图书馆、书店、茶馆等地，是一个喜好清静的女孩。他不再送玫瑰，而是跟苒一起去参加书会友，探讨他也同样喜欢的话题。苒最终被他打动了，两个人走到了一起。

很久以后，张问苒："为什么当初我追你的时候，你要拒绝呢？对那些东西，你真的一点儿都没动心？"苒轻轻一笑，说："我看过一句话，说女孩子要像明珠一样，混于泥土却依然光洁明亮。"

这样不媚俗、不虚荣的女子，像是出淤泥而不染的小荷，在充满万般诱惑的、沾满污泥的大荷塘中，从容淡雅地笑看浮云，在万千凡尘中淡然而过，不为所动，成为一道别样的风景。身在纷繁世间，每个女人都当正确对待和把握欲望，用一颗平常心对待生活。只有懂得拒绝诱惑的女人，才会有纯洁高远的心和丰盈美丽的生命。

## 和最适合自己的人在一起

女孩琳模样出众，颇具才华。读书时，她跟中文系里一位同样有才气的男生恋爱了，大家都觉得他们很般配。大学的美好时光转瞬即逝，每个人都要离开象牙塔去接受历练，而校园里酝酿出的感情，也逃不了和现实的一搏。

步入社会后，琳和男友都找到了工作，开始租房过日子，为将来积蓄资本。初出茅庐没有经验，薪水自然都不高，租房就要花掉一大半的工资，再加上水电费、生活费，两人就沦为“月光族”。上学时只要吃得起食堂的饭菜，两人就觉得很开心，周围的情侣们大都也是这样过的，可离开校园后的生活，却大不相同了。

每次跟同事们闲聊，话题里总少不了衣着装扮、车子房子，尽管都是年轻的女孩，但有些人却因男友家境好、工作好，明显在衣装品位上就高了一截。这让琳的心里萌生出了不平衡之感：我的条件也很好，凭什么不能过更有品质的生活？

渐渐地，琳开始不满足这样的生活，也开始跟男友频繁吵架。每次争执，男友都是让着她，且所有的家务都是全权负责。男友工作很努力，经常加班加点，周末还会去做兼职。虽然赚的钱不是很多，但他竭尽全力想给琳更好的生活。

即便如此，分手两个字，最终还是从琳的口中说出来了。男友尊重她的选择，希望她能幸福，并未有一丝的纠缠。半年后，琳的亲戚给她介绍对象，见面第一次，她就明显感觉出，两个人的内在频率是不一样的，可就像亲戚所说，对方的家庭条件很好，拆迁分了4套房子，今后就算是出租房子，也比打工赚得多。想到这里的时候，琳就心动了，她的爱情世界已经不是当初那般纯净了。

在亲戚朋友的啧啧赞叹中，琳结婚了，她的虚荣心得到了极大的满足。日子一天天过去，最初的新鲜感已经褪去，琳却觉得生活了然无趣。丈夫干着一份轻松的差事，没什么上进心，每天下班就是在房间里打游戏，周末约朋友喝酒、打台球，她的多情善感、文学情怀被他视为“矫情”。她遇到了烦心事，他只是简单安慰一下，却不懂也不会帮她分析，出出主意。

在如流水的日子里，琳突然怀念起和前男友在一起的时光，那时候的日子是不富裕，但精神上的共振让彼此的内心很丰盈。她开始后悔自己的决定，但一切都太晚了。

爱情和婚姻就像鞋子，不是要选最好的，而是要选最适合的。心理学上的“匹配”，向来都是一个中性的词语，没有所谓的好与坏。伴侣是要跟你相处一生的人，不能像装饰品一样，为了摆在家里好看，带出去有人给你称赞。这个世界上有太多的人比你优秀、比你成功，但他未必跟你相投，使你心情愉快，能跟你和谐生活。如果有一

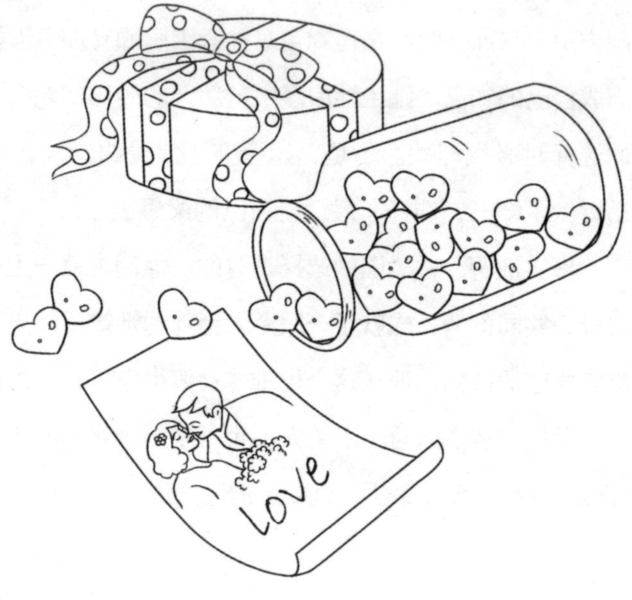
Love

个人，他能够理解你、欣赏你的优点、包容你的缺点，能让你尽情发挥自身的潜能，让你在享受美好的同时变得更加自信和热爱生活，那么，他就是最适合你的。

提起林徽因，大家都会被她的才情与气质打动，她的爱情更是演绎出了一段经久不衰的佳话。那么多人喜欢她、欣赏她，不都是因为她的才，还有她在对待情感上的那份理性和睿智，着实成了女性中的典范。

林徽因的生命里出现过3个重要的男人：徐志摩、梁思成和金岳霖。当年，林徽因随父亲到英国时，遇到了徐志摩。两人相见甚欢，共同语言也很多，相互间生了情愫。可惜，那时的徐志摩已是3个孩子的父亲，林徽因不愿插足对方的生活，便与徐志摩划清了界限。

梁思成和林徽因学的是同一专业，兴趣爱好相同。林徽因性格不好，梁思成极力忍耐，处处迁就她。两人在工作方面，合作默契，共同进步。与此同时，金岳霖也对林徽因照顾有加，但她一直把金岳霖当成自己的知己。她生性浪漫，可后天的经历却教会她，在做出关键的选择时必须理性。于是，她舍弃了浪漫的诗人，与深爱自己的金岳霖做了知己，选择了最适合自己的梁思成。

事实证明，林徽因的选择是对的。他们夫妻一生相互扶持、相互关爱，共同创业，成就了一段令人艳羡的姻缘。如果此时的你，正面临着婚恋的抉择，那么这个优雅才女值得你将其视为楷模。千万不要为了某些欲望去嫁给一个男人，也不要因为感动而随意交付一生，想要爱得长久、爱得踏实，就要选最适合你的那个人。

# 第七章

## 富养自己，你才是最贵的奢侈品

一个成熟的女人，有属于自己的事业，能为家人创造更好的生活，固然是很好的事，但更重要的是，你要先斟满自己面前的杯子，学会对自己好一点。只有这样，你才能更好地爱别人，才能从容地接纳生活中的酸甜苦辣，体味到做事的意义。

## 爱自己是芳香生活的开始

没有女人不喜欢芳香四溢的生活，可真正能把生活过得有滋有味的女子却寥寥无几。问及原因，大都是心有余力不足，要扮演的角色太多，要承担的义务责任太重，总有忙不完的事情，没有了自己的时间和空间，甚至没有了心情，曾经的憧憬与激情渐渐地磨灭在生活的琐碎之中，对幸福的感觉也是越来越麻木，到最后，除了柴米油盐的味道，再不知道哪里还有芳香可嗅。

朋友中有一位事业型女友，前几年独立创建了一间设计工作室，到如今已步入正轨，渐入佳境。再见她时，整个人的装扮气质也与从前截然不同，多了几分精干和成熟，对她的现状，多少人羡慕不已。唯有懂她的人才知道，她的内心并不如外表那样光鲜，那些无限风光的背后藏着太多的酸甜苦辣。

一次，我们共同聆听了一位女性心理专家的讲座。事后，她向心理专家寻求帮助，称自己事业做得很好，但始终体会不到成就感和幸福感，终日为了工作忙碌，没有自己的时间、空间甚至是情绪，内心深处的寂寞和委屈经常让她感到压抑。事业越成功，她越觉得迷茫，别人的羡慕和赞赏给她带来的也是不被理解的落寞。

听完她的讲述，心理咨询师只说了一句话："亲爱的，你不够爱自己。"看着女友一脸无辜的样子，她解释道："一个成熟的女人，有属于自己的事业，能为家人创造更好的生活，固然是很好的事，但更重要的是，你要先斟满自己面前的杯子，学会对自己好一点。只有这样，你才能更好地爱别人，才能从容地接纳生活中的酸甜苦辣，体味到做事的意义。"

这番话让女友豁然开朗，也让我深有所思。其实，不只是像女友这样的事业型女人才会有类似的经历感受，更多的平凡女子也都深陷在这样的现状中，背负了太多家庭和社会责任，无休止地付出，没有闲暇去享受，总以为自己是在创造幸福，不辞辛苦地奔波劳碌。在这种奔忙中，她们送走了最光鲜亮丽的少女时代，送走了生命中最美好的年华，渐渐忘却了自己。当有一天突然意识到应该去享受一下生活的时候，才发现镜中的自己早已不是当初的模样，想再穿得漂亮点，天南海北地走一走，也已经没有那份心境和精力了。

奥修曾说："石头吸引石头，花朵吸引花朵。如此一来，会有一种优雅的、美妙的、充满祝福的关系产生。如果你能够得到这样的关系，那将升华为虔诚的祈祷、极致的喜乐，透过这样的爱，你将领悟到神性。"

女人当好好爱自己，不要为了巾帼不让须眉的坚强，强迫自己像上了发条的闹钟，一刻不停地高速运转。也许，在超负荷的付出中，你会收获金钱、荣誉和成就感，可是美丽、健康和幸福却未必与你随行。有一颗向上的心很美好，可也要权衡得失。真正美好的生活，是有着前进的动力，也有时间去欣赏旅途中的风光，扮靓自己的容颜，让生命成为丰富的七色板，而不是单调的黑与白。

一位单身已久的母亲，到北京探望“北漂”的女儿。看到女儿过着节俭而忙碌的生活，脸上带着疲倦的神情，肤色暗黄而粗糙，母亲俨然猜到了女儿是如何生活的。临走前，她给女儿留下了5000块钱，语重心长地说了一番话：“我知道你很懂事，从小就节俭，现在工作了还是一样。有节省的意识是好事，但节省过了头就不好了。你现在还不明白，青春对女人来说有多宝贵，有多短暂。我希望，你能多爱自己一点，对自己好一点，至少要享受年轻的日子，对得起自己的青春。我曾经跟你一样，节俭朴素，很少打扮自己，只顾着身边的人，现在我想开了，但那些岁月已经不再。”

梁晓声在一篇文章中如是说道：“倘若有轮回，我愿自己来世为女人。我不祈祷自己花容月貌，不敢做婵娟之梦；我想，我应该是寻常女人中的一个。那么，假如我是一个寻常的女人，我将一再地提醒和告诫自己——绝不用全部的心思去爱任何一个男人。用三分之一的心思就不算负情于他们了。另外三分之一的心思去爱世界和生活本身。用最后三分之一的心思爱自己。”用三分之一的心思爱自己，这番话说得多么令人动容！

无论你是资质平平的普通女孩，还是天生丽质的漂亮女人，都请你好好地爱自己。这是属于你的权利，也是给自己创造幸福和快乐的能力。一个女人只有懂得爱自己，让自己幸福，才有资格让别人去爱、去尊重、去欣赏，才有能力给别人幸福。爱自己的女人，身上散发出来的正能量，会让每一个靠近她的人感受到那种从内至外的自信与从容。

弗朗索瓦丝·萨冈曾说：“总是有这样一段年纪，一个女人必须漂亮才能被爱；也总是会有这样一段时间，她得被人爱了才更美丽。”记得将这段话铭记于心，当你懂得精心地爱自己，就不会畏惧岁月这把无情的雕刻刀，而是在岁月中慢慢蜕变出美如珍珠的光华。

女人爱自己的方式有很多，每天为自己精心准备一份营养的早餐，打扮得漂漂亮亮的去上班；下班之后蜗居在家，一边做面膜，一边看看书或听音乐；有时间的话也可以去练练瑜伽，保持体形；每个月发工资时，奖赏自己一件礼物，这样的话会让你更有成就感和幸福感，找到生活的乐趣。记住：一个懂得爱自己、取悦自己的女人，无论走在生命哪段时光里，都是最好的状态。

## 多读点好书，滋养内在的灵魂

简·格蕾，一个生于贵族之家的女孩，曾一度被推上英国国王的宝座，这是一个内心极为丰富的女子，而这一切都源自她对书的热爱。

罗杰·阿斯卡姆在《教师》一书中回忆，有一次他到简·格蕾家拜访时，看到她坐在窗下痴迷地读着柏拉图关于苏格拉底之死的描述。当时，她的父母正在花园里狩猎，猎狗的狂吠之声从开着的窗子里清晰地传来，简·格蕾却不为所动，读书的兴致丝毫没有受到影响，依然专注于自己的书中。

这样的场景让罗杰感到惊诧，这个女孩竟然不参加他们组织的精彩游戏？面对他的诧异，简·格蕾很平静，她说："我认为，你们在花园里找到的快乐，不过是我在书中所获得的快乐的影子罢了。"

不只是简·格蕾，无数成功优雅的女人在回顾自己的成长经历时，都会将人生一些最真诚、最辉煌的瞬间，和几本好书联系在一起。书是一种具有魔法的东西，能够赋予生命光芒，开启心灵的枷锁。一本好书，能给人带来启蒙，抑或终生的影响。

有书相伴的女人，做事的时候懂得思考，脑海里会萌生更多的灵感与创意，遇到难题时会不断地想办法；有书相伴的女人，会用敏锐的目光看透事情的本质，在一团乱麻中找到头绪，用智慧解决问题；有书相伴的女人，眼睛更容易发现美的事物，性情也更加知书达理、善解人意。哪怕学历不高、家境不优，可置身于川流不息的人群中，依然能呈现出一份优雅高贵的姿态，那就是世人常说的“腹有诗书气自华”。

女作家毕淑敏曾写过一篇文章，名为《读书使人优美》，其中有这样一段话：“读书是最简单的美容之法，读书是在聆听高贵的灵魂自言自语。想要美好的女人，就去读书吧！不需要花费太多的钱，只是需要花费很长的时间。可若能够持之以恒，优美就会像五月的花环，在某一天飘然而至，簇拥女人的颈间。”

在周围人眼里，凌子是一个很特别的人。白皙的脸上总是带着一抹微笑，给人岁月安好的宁静。无论遇到什么事，哪怕对方摆出一副咄咄逼人的架势，她也不会轻易动怒，说刻薄的话。对情感，她像洁白的雪莲花，不给爱情附加任何条件，爱就是爱，简单纯粹。

是什么给了她甚好的性情？走进她的家，便能看到答案。她的房间里有一面书墙，摆满了各式各样的书。书架的书，是她的天堂，是她的世界。渡边淳一的《失乐园》，塞林格的《麦田里的守望者》，米兰·昆德拉的《生命中不能承受之轻》与《缓慢》，西蒙·德·波伏娃的《第二性》，瓦西里耶夫的《这里的黎明静悄悄》……全是她的朋友、她的导师。

她喜欢三毛，说沉浸在三毛与荷西的爱情世界里，就像是亲眼见证了一段美妙的情感，她能够从作者的字字句句里体会到真善美，体会到安宁，体会到对生活的热爱。这些，无时无刻不在影响自己的心。她还喜欢毕淑敏，向来对生命存着敬畏和关爱，教她领悟活着的可贵，以及珍惜的要义。在看过《预约死亡》之后，她真的去了附近的临终关怀医院，从那里走出来的时候，她满眼含泪，心情沉重之余多了一份对生命的敬重。

她有一张书单，上面写着“一辈子要读的书”，里面有许多本经典的作品，有一部分已经画上了红色的记号，证明她已经读过，还有一些正待读。每一本读过的书，她都会精心写下一些感悟，并用A4的纸打印出来，装订在一起。她觉得，这是心灵的收获，是生命的无价之宝。也许，未来的某一天，她依然会翻起那些书，也会有不一样的感受，待到那时，看看自己当年写下的文字，可以亲眼目睹自己的成长。

有书陪伴的日子，凌子觉得自己的心一直在被养分滋润着。书是她精神上的导师，是她心灵上的翅膀，给了她一片自在翱翔的天空，也给了她如水一样的温婉性情，透明却真实，温柔却不软弱。她的端庄、高雅、自信、大方，淹没了岁月的痕迹，35岁的她虽已为人妻、为人母，可那一片自由的精神领地，却是任何人都无法剥夺的世界。她相信，未来的10年、20年，在书的滋养之下，她会比现在更有深度、更有底蕴。

也许，现在的你已经离开校园很久了，每天为了工作忙碌着，有爱人和家庭需要照顾，但这一切都不能成为剥夺你个人时光的理由。

想要在岁月的冲刷和琐事的打磨下不失光华，就要记得，永远在床头为自己放一本书。读一本好书，足以让你的灵魂上升一个层次，内心丰盈了，才能淡泊世俗与虚荣，从容地行走在世间。

## 找一样让你终生热爱的事情

岁月对每个女人都是公平的，再美丽的容颜都会随着时间而褪去，它也给了女人自由选择的权利，既可以牢骚满腹、粗俗狼狈地挨过一生，也可以如诗如画地活着，优雅从容地老去。

也许你会问，行云流水的日子，不过都是一日三餐、柴米油盐，如何才能如诗如画？是的，我们必须承认，平淡是生活的基调，但如诗如画不一定非要是感官上所能见、所能闻的，更多的时候，它需要用心去感受。对女人来说，在岁月的侵蚀中，保留一两件自己喜欢的事情，从一而终地坚持下去，生命就会闪烁出动人的光华，让你与那些没有精神支撑的人，彻底划清界限。

女作家严歌苓的作品《娘要嫁人》中，塑造了几个天性浪漫、热爱艺术的女人。

女主角齐之芳，是一个面容姣好、生活讲究、热爱唱歌的女人，丈夫在消防大队工作，后在一次救援事故中牺牲，留下她和3个孩子。那个年代的生活本就不易，对她来说更是艰难，可日子再难，她依然穿戴整洁，梳着美丽的辫子，在电报局里带领别人唱歌。她的生活中从来没有少过歌声。这个热爱唱歌的女人，内心是纯粹的，在面对不同的追求者时，始终坚守着内心的初衷，只选对的，不轻易出卖幸福。在生活露出狰狞的面孔时，她还是那个不俗气、守着爱情理想的美丽女人。

女配角崔淑爱，一个爱音乐、爱弹琴的女人。先是无端地被卷入一场误会中，让人以为她是王燕达的情人。事实证明，他们不过是同样热爱音乐的朋友。后来，她那优雅、文静、知书达理的性情，让齐之芳的哥哥被深深打动。严歌苓用崔淑爱的存在，与那气死父母、侮辱妹妹的市井女人小魏形成了鲜明的对比。音乐带给她的，是不温不火和通达善意，而没有精神支撑的女人，在岁月的冲刷和渲染下，就容易变得庸俗而肤浅。剧的末尾，齐之芳的女儿说："或许，舅妈（小魏）原不是那样的人，只是岁月把她变成了那样。"

卢梭说过，女人最使人留恋的，并不一定在于感官的享受，主要在于她们身边的某种情趣。那些谈吐不俗的优雅女人，通常都有着自己的兴趣爱好，并将其融为生命的一部分。她不会把所有时间用来看冗长的偶像剧，也不会一心只沉浸在柴米油盐的算计中，更不会在人前背后搬弄是非、说三道四，在该说话的时候沉默无言，说不出有见地的想法。她们可能会去听一场音乐会、看一看画展、学一门技艺，和这样的女人聊天，会感觉是一种享受，她们所说的话，总显得很有格调，给人以启发。她们对音乐、绘画、文学都有自己的看法。

当工作由巅峰转入瓶颈的时候，她已经开始反思自己。为了不让自己陷入低沉的深谷里，她开始专心画素描。只是一个简单而清澈的线条，就会融入人的所有情感。空闲的时间，在人来人往的天桥上画，在儿童嬉戏的公园里画，在潺潺流水的小河边画，在雍冗繁杂的步行街画……在每一个似梦如真的地方画，她忘情地画着，手中的笔如心头延绵的情感，缓缓流淌。

画板是旧的，大学时代最喜爱的东西，毕业后被丢弃在一边，偶尔拾起来，依然那么有魔力。有时候欣赏着别人的容貌和表情跃然纸上，竟有一种难得的惬意。熟练的时候，也敢拿到办公室去，任由同事评判，也会涌出漫漫的成就感。

同事们都说："你的精力真旺盛，心情看起来不错，钱都没得赚了，还这么悠闲。"只有她自己知道，压力排山而来，有时候不是那么容易排遣的。借着喜欢的东西来淡化不开心的事情，也是一种自我调节的方式。用这种方式，将内心的悲欢喜怒转移到别人的表情里，自己也会轻松很多。

有谁会不为自己的前途担忧，谁会不为自己的明天做打算呢？只是生活遭遇逆境，难道就要顺从地悲观下去吗？难道就不能换一种方式开始一种新的生活？人生总有坦途有泥坑，遇到困苦的时候，与其闷闷不乐封闭自己，不如打开另一扇窗透透新鲜空气。乏味的人生需要自己的兴趣来激活，苦恼的压力也需要兴趣来拯救。

罗兰曾经说过："当你所做的事情是你自己的爱好时，你会发现你做起事情来就会事半功倍，爱好能够让人变得聪明，爱好也能够给人带来动力，做自己喜欢做的事情就会在行程中得到快乐，在困难中得到鼓励！”

兴趣爱好是一个人的精神食粮，支撑着女人的精神世界。它犹如女人心灵的一块绿洲，在人生旅途干涸的时候，滋润慰藉女人的心灵，它不但能陶冶你的情操，培养你的气质和修养，让你除了为人妻为人母外，还是一个有质量的女人。

## 每天留一杯咖啡的时间给自己

那是7年前的事了。

我下班后，去了朋友推荐的咖啡屋。一下车，真的完全被浓郁的咖啡香吸引了。马路对面是一片青草绿地，混合着这股香气，让我感觉一天的疲倦都消失了。也许，我骨子里就是一个爱浪漫的人，我总觉得，闲暇的时候去喝咖啡，是女人宠爱自己的方式，是一种情调。

咖啡屋的门把手是木头的，玻璃门上挂着一块木质的牌子，上面刻着一行英文：love yourself。进去之后，感受到的是橘黄色的灯光，看到的是五颜六色的咖啡包装袋，墙上和地上都印着咖啡文化。我第一次觉得，咖啡竟然可以这样美。

晚上，咖啡店里的客人进出不断，老板特意播放着比较欢快的爵士乐。我找到一个角落坐下，点了一杯摩卡。这里的服务生很有特色，不是普通的雇员，而是喜欢情调、喜欢咖啡、喜欢美语的自由职业者。原来，这家店的老板是一个美国小伙。服务员耐心地给我介绍着咖啡文化，说每种豆的不同口味，并且根据我的口味帮我挑了一款偏甜的豆。可以说，又是一次惊喜，我除了可以挑选咖啡的种类，还可以挑选不同的咖啡豆。

品着咖啡，听着音乐，望着降临的夜幕，灯火辉煌的街头，一种惬意感、幸福感油然而生。工作的烦恼，生活的压力，在这一刻都化为乌有。我有点爱上这种感觉了，一杯咖啡快喝完了，我却意犹未尽。我突然觉得，这不仅仅是喝一杯咖啡，而是在享受一种氛围、一种情调。更重要的是，比起逛街购物犒劳自己而言，这种慢节奏的放松，让我的心更平静。

从那天起，我就爱上了咖啡，也爱上了这间咖啡屋。

业余时间，我开始研究和咖啡有关的东西，也经常会来这里跟热情的美国老板交流。他人很好，热情随和，教了我很多东西。自那以后，速溶咖啡从我的家里彻底消失了，取而代之的是一套咖啡壶，以及各种不同口味的咖啡豆。是的，我把家里的小饭厅，装修成了一个迷你的咖啡屋。

忘了有多少个午后，我看着柔和的光线从墙上精致的壁灯里流泻出来，耳边响起清新的乡村民谣，轻轻地诉说着纯粹的情怀。在这样的氛围里，来一杯浓香的咖啡，让夹杂着苦涩的芬芳传遍身体的每一个细胞……那一刻，我觉得，做女人真好。这样绝美的情调，这样细腻的情思，唯有如水的女人，唯有懂得生活、懂得宠爱自己的女人，才可以感受得到。

后来有一次，我无意间看到了这样一句话："女人像咖啡，不同的特质，犹如咖啡不同的种类。"仔细咂摸，确实意味深长。

浪漫的女人像Cappuccino，涌起细腻、可爱的泡沫，给人无尽遐

coffee

想的空间，香醇回甘令人陶醉；有韵味的女人是蓝山，优雅动人的体态，悠然的味道，是映在眼睛里、刻在心里的倒影，百转千回；娇媚的女人是哥伦比亚，若有若无，若隐若现，悄无声息地打扰了安静的灵魂，却让灵魂再无法平静；温柔的女人是巴西山度士，温和清爽，像一位含蓄而充满内涵的朋友，在需要的时候给你安慰和平抚；坚强的女人是Espresso，在生活的压力下榨出独特的味道，尝起来是浓浓的苦，想起来却是淡淡的香。

其实，女人不只是像咖啡，女人的生活里更需要咖啡一样的情调。在生活的繁忙中，抽身而出，为自己煮一壶咖啡，卸下伪装与疲惫，品味苦涩，品味浓香，品味生活，品味自己；无比惬意地端起一杯咖啡，将快乐或伤感的心事融合在咖啡的味道里，静静地沉淀、慢慢地怀想，把一杯咖啡喝得悠深绵长。试问：还有什么比这更惬意的吗？

咖啡是有内涵的，需要细细品味，且喝的方式也很讲究。

不管咖啡豆的品质多好，冲泡技巧如何高明，若不趁热去品尝，都无法感受到咖啡原本的风味与口感。把咖啡杯在开水中泡热，在83℃的那一刹那冲泡咖啡，倒入杯中时刚好80℃，到口中时62℃左右，最为理想。

咖啡端上来，先要尝一口纯咖啡。每一杯咖啡都是经过5年生长才能够开花结果的，经过一系列复杂的工序，加上煮咖啡的人悉心调制，若不趁热品一口不加糖、不加奶的纯咖啡，实则可惜。好咖啡微苦，口感醇厚，由奶香到咖啡香，层次分明。

咖啡匙如何用，是一个细节。我见过一些女孩子，喜欢把咖啡匙当成小勺来舀咖啡。经常喝咖啡的人都知道，咖啡匙只能用来搅拌咖啡，搅拌后要将其放在一边。喝咖啡时配一些点心，但要注意，千万不能一手端着咖啡，一手拿着点心，吃一口喝一口地交替进行。喝咖啡时放下点心，吃点心时放下咖啡杯。

不要说这是矫揉造作，真正优雅的女人，不管何时何地，都会留一份精致的姿态。

## 女人要从内心开始武装自己

青春不是女人永恒的资本，婚姻也未必是幸福的“长命锁”。岁月流逝，青春不再，没有什么东西能够让一个女人永远年轻美丽，当容颜老去，无人能够留住当年的风姿；不懂经营，再甜蜜的开始，再豪华的婚礼，也无法阻挡离别的悲剧。

真正有能力获得幸福，并在优雅中老去的女人，都是生活中的强者。她们依靠的不是外在的美丽，也不是凌霄花般的攀附，而是内在的丰盈与富足。知识、内涵、修养，给她们带来的风采历久弥新，给她们带来的智慧日益累加，让她们稳稳地守住幸福。

高尔基说：“学问改变气质。”女人应当从内心开始武装自己，唯有以知识作为后盾，不断地学习和提升，在面临大事的时候才有底气；唯有用知识丰富自己，才能给单薄的美丽平添几分气韵与智慧。

茯苓离过一次婚，再婚后嫁给了一个香港的商人。名媛阔太的生活，让她衣食无忧，每天靠着打牌逛街度日，在别人看来，生活算得上惬意和轻松。可惜的是，任何一种生活都不可能十全十美，恰如电视剧里的情景所示，丈夫有钱有势，围在他身边的女人也很多，时间长了，难免不会越界。到最后，茯苓和丈夫的婚姻就成了名存实亡的摆设，有重要场合两人一起出席，私底下却是各过各的生活，丈夫依然给茯苓提供生活费，但两人之间已没有了共同话题和昔日的惺惺相惜。

一直以来，茯苓都想去英国。如今，守在丈夫身边也是孤零零的一个人，倒不如出去散散心。更重要的是，周围的朋友都知道了自己的婚姻现状，从前晒得幸福太多了，现在全都变成了尴尬，她也觉得没有办法再像从前那般从容自若，离开或许是最好的选择。

初到英国的那两个月，她痛苦极了。一个陌生的国度，没有亲戚朋友，没有倾诉的地方，唯一的发泄方式就是喝酒。沉迷了一段时间后，她觉得整个人的状态都不好了，恍恍惚惚的，也清楚再这样下去会出问题。痛定思痛后，她慢慢恢复了理智，也接纳了现实，强迫着自己改变眼前的一切。

她放下了阔太太的身份，抱着一颗体验生活的心，到一家中国餐馆打工，晚上拼命地学英语。在去英国前，她根本就没有看过英文书，脑子里只知道几句简单的问候语和有数的单词。对一个30多岁、没有英文基础的女人来说，重新拾起英语太难了。可是，她没有退路，只有克服语言障碍，才能在这里更好地活下去，不至于到最后又狼狈地逃离。

3年过去了，茯苓在英国生活得很好，人也比从前精神了许多。提起自己失败的婚姻，以及刚来英国时的日子，她感慨万千："过去在广州和香港的时候，我觉得自己很幸福。可现在回头看看，当时的我就像是一直画眉鸟，每天被关在笼子里，别人给点食物，没有自由，也没有什么可做的事，根本算不得幸福。后来，每天忙着学英语，学开车，虽然很累，可是心里不空虚，每天都有成就感。慢慢地，我找到了自己的存在感，也实现了自己的价值。女人，真的得不断学习，不断完善自己，因为你不知道什么时候，就必须要靠自己过下去。”

在时间的洗礼中，容貌、身材、财富都有可能随着境遇的改变而变迁，唯有内在的富足和心灵的宁静，不会因为时光的流逝而变得丑陋和贬值。女人要感受到丰富和自身的价值，不是马不停蹄地加快生活的脚步，而是要不断地拓宽眼界，从周围汲取知识的养料，滋养躁动的心，让它更强大、更容易发现快乐、感受快乐。一个优雅成熟的女人，须从内心开始武装自己，这是生命最原始的力量，亦是最难被击垮的力量。

国外有一位欧蕾太太，白天在百货公司做售货员，晚上和许多年轻人一起走进夜校。她用4年的时间完成了高中教育的所有课程，而后又开始攻读大学课程。此时的她，已经整整60岁了。

许多人对她的行为感到惊讶和不解：已经步入晚年，为什么不好好享受，还要这么折腾呢？欧蕾太太是这样说的：“世界变化太快了，有很长一段时间，我觉得自己心力不足，追赶不上它的脚步。那时候，我慌乱、焦急、烦躁不安，不知道该怎么办，那感觉，就好像被世界抛弃了，心里非常失落。后来我知道，是我对生活失去了信心，对自己失去了信心。身处一个浮躁的大环境，没有一颗强大的内心，肯定无法安心地活着。于是，我开始像年轻人一样，坚持每天学习，为心灵充电加油。慢慢地，我看到了自己的进步，而我也在进步中体会到了充实的滋味，逐渐找回了对生活的信心。”

年轻时，欧蕾太太由于家庭的关系，也由于自己的无知，错过了学习的好机会。如今，她最大的理想就是坚持学习，把自己的学历不断提升，最后能做一名律师。凭借着自身的努力，她的理想已经完成了一半，依照进度推算，大学课程大概需要5年甚至更多的时间。但欧蕾太太有信心，也有耐心，并享受着学习的过程。在她眼里，学习不是枯燥而漫长的折磨，而是一种快乐的选择，每通过一门课程，她都会觉得距离理想又近了一步。对于年龄的问题，欧蕾太太从不介怀，她反而说，完善自我的过程让她感觉更年轻了。

对所有女性来说，学习充电、提升修养、完善自我，是比美容更重要的事。幸福的生活、成功的事业，都需要用智慧去获得，唯有不断地澄清自我，武装内在的心灵和头脑，才能抵达成功的彼岸，拥抱幸福之花。

## 把自己的想法放在第一位

挪威戏剧家易卜生说：“如果你把整个世界弄到手，却丢了自己，那就等于把王冠扣在笑着的骷髅上。”生命的意义在于创造自我，没有自我、循着别人的想法和评价去生活的女人，永远不会留下属于自己的足迹。

一个喜欢写作的女青年，写了一篇小说，并请一位作家指导。说来也巧，那位作家恰好眼睛不适，只得让女青年把作品读给他听。

读到最后一个字，女青年停了下来。作家问：“结束了吗？”听作家的语气，似乎有些意犹未尽，还应该有后续。女青年心中暗喜，想着大概是作家认为自己的作品还不错，就回答说：“没有，下面还有。”于是，她以自己都难以置信的构思，继续叙述下去。

读了一会儿，作家又问：“结束了吗？”看这形势，作家似乎还是难以割舍，女青年更有兴致了，不可遏止地讲了下去。直到电话铃想起，才打断了她的思绪。作家有急事，需要出门一趟。

“那么，没读完的小说呢？”女青年急切地问。作家说：“其实，你的小说早就该收笔了。在我第一次问你是否结束的时候，就应该结束，看来你还是没有把握情节脉络，缺少应有的决断力。这可是写作者的大忌啊！”

决断是成为作家的根本，拖泥带水，如何带动读者呢？女青年想着作家的话，自认性格容易受外界的左右，不适合走写作这条路，自信心也受了挫，就干脆放弃了，没再动笔。

多年后，女青年遇见了另一位优秀的作家，羞愧地提起了那段往事。没想到，那位作家很震惊，说：“你的思维如此敏锐，编造故事的能力如此出众，这恰恰是成为作家的天赋啊！如果你能正确运用的话，作品肯定很精彩。”

同样的一件事，在不同的人看来，观点和结论都不一样。女青年错就错在，太过迷信于权威的意见，没有把自己的想法放在第一位，生怕自己的决定是错的，被他人的评价牵着走，对自我价值的认识也出现了偏颇。

说到底，她还是缺乏自信和主见。她忘了，在面对双向甚至是多项选择时，决定权永远在自己的手里，也许有时自己做出的选择不是最好的，但正因为有了这样的选择，才让你跟别人不一样。放弃了自己，不但会让你失去成就自己的机会，就连生命也会失去意义。

一个淡定的女人，永远不会让别人的想法决定自己的人生，她永远不会忘记自己是谁，更不会轻易放弃自己的梦想。呵护内心的声音，风雨无阻地前行，纵然在路途中行驶得有些颠簸，但航行却是快乐的。

杰奎琳是一个个性鲜明、充满智慧的女人，从入住白宫成为肯尼迪夫人，到嫁给希腊船王亚里士多德·欧纳西斯，她给那个年代留下了深深的印记，并成为美国人眼中永远的第一夫人。虽然她的第二次婚姻遭到了多数人的不理解，但她没有做任何辩解，在爱与恨、恭维与侮辱面前，她选择了沉默，也选择了自己需要的生活。

对杰奎琳来说，她要的不是活在谁的认可里，而是活在快乐和潇洒中。她一生信奉并身体力行的是："我生来并非为了支配别人或是忍辱负重，我的生活只关我自己的事。"

每个人的人生都只属于自己，无须参照别人的模式，也无须畏惧别人的议论，更无须纠结别人的评价。我们活在这个世上，不是非要压倒他人，也不是为了谁而活，我们所追求的应当是自我价值的实现以及对自我的珍惜。你是否实现了自我，并不在于你比别人优秀多少，而在于你在精神上能否得到满足，是否活得从容舒适，是否活出了自己的精彩。

台湾女歌手范晓萱，曾在一次接受采访时说："以前我很辛苦，因为我太在乎别人的感觉，太在乎其他人怎么看我，所以，我很多时间都要去想别人怎么看，我想做得面面俱到，把自己弄得很辛苦。现在，我开始跟着感觉走，也能比较清楚地表达我的看法就是这样。我只是想活得轻松一些，不要那么辛苦。"

一辈子为别人的评价活着是很辛苦的，想让每个人都对你满意，原本就是不切实际的事。我们生活的世界是错综复杂的，面对的人与事业是多方面、多角度、多层次的，别人的态度和评价或许是多棱镜，甚至有可能是让你扭曲变形的哈哈镜，你没有必要去取悦所有人，也不可能取悦所有人。

爱自己和相信自己的前提，就是坚持走自己开辟的道路，不被流言吓倒，不受他人观点的牵制。只有懂得欣赏自己，坚守己见，听从内心的呼唤，才能走出属于自己的路。要知道，你才是自己梦想和幸福的唯一主宰，不经你的允许，没有人可以轻视你。

## 自己就是风景，何必仰望别人

克里希那穆提说过：“你看，一朵百合或是一朵玫瑰，它是从来不假装的，它的美就在于它就是它本来的样子。”多么富有哲理和智慧的一句话，可惜世间许多女子都没有读懂。

琳达的衣橱里装满了各类名牌服装，这一季流行什么，她必会买。在衣装上的投资，大概要花掉工资的一半。年轻爱美无可厚非，可遗憾的是，无论用多么高档的衣服装扮自己，却依然“斗”不过办公室里那个新来的清新女生。

一向傲娇有才的琳达，在哪儿都想当焦点，任何地方都不愿比别人差。她希望自己能做小圈子里的风向标，可惜这个目标一直都没能如愿。多数人提起她的穿着，所谈论的只是价格和品牌，而那个清新的女生，却能让人把目光和话题落在她个人的气质与审美身上。对这件事，琳达一直很不解：难道是我不如她漂亮？

偶然的一次，同事到琳达家里做客。那天，她穿着一件长款修身的牛仔衬衫，一条黑色的小脚裤，松散地扎着头发，纯素颜出场，没想到同事却被惊艳住了，说："今天的你，好有味道啊！"其实，琳达的整身行头算下来不过300块钱，平日里穿的每套衣服都比它贵，却从来没有得到过这样的评价。

同事的这一句不经意的赞美，让琳达陷入了反思中。她翻开衣橱，价格不菲的衣服在里面静静地躺着，手感质地都很好，只是穿在身上，凸显不出自己的美：明明肩膀很宽，上身比下身要胖一些，衣服却没有任何的收腰修饰功能，穿起来凸显得更壮了；衣服的颜色全是流行色，跟自己的肤色并不是那么相衬……这么久以来，她一直在追逐流行，本以为跟着时尚走就不会错，却忘了最重要的一点：适合自己的，才是永远的流行。

她突然想起办公室里的那个清新女生，她算不得多漂亮，但一眼看见就让人难忘。卸下所有的妒忌和偏见，她不得不承认，自己也喜欢那女孩的气质。她的衣装不是大牌，大多就是一条普通的布裙、一条围巾，却怎么看都很有味道。现在想来，不是她有多美，而是她知道该如何展示自己的美，她的魅力字典里没有"流行""跟风"和"模仿"，有的只是"我就是我"的格调。

琳达把衣橱里的许多八九成新的衣服拍了照片，发布在微信朋友圈和网上，以折扣价出售。她终于明白，再昂贵的东西，若是不适合自己，就是多余的。她的目光不再追随流行和品牌，而是更多地关注自身，明确自己适合什么款式的衣服，注重衣服的品质和内涵。渐渐地，她在穿衣方面有了自己的风格，相较从前，投入的钱少了，整个人却更有韵味了。

无论是衣装打扮，还是情感生活，都不要把眼光投向外界，追逐自己所想象的那些美好的事物，而忽略自己的本性。因为，风景不只是远处的美，衣装不总是昂贵的好，找到自己的闪光点，穿适合自己的衣服，走适合自己的路，不盲目跟风模仿，活出真实的、最好的自己，便是获取到了人生中最美好的礼物。

生命的可贵之处不在于处处完美，而在于发现美。世间那些优雅动人的女子，不一定是人群中最漂亮的，但一定是最懂自己的。她不会因为没有一张漂亮的脸蛋或是一个苗条的身材，而自卑沮丧抬不起头，她会努力去发现自己的美，然后从内至外地凸显自己的美。在她的世界里，自己就是一道风景，无须去仰望任何人。

20岁的姑娘莉，长得并不难看，但她一直为自己姿色平平而自卑。看着周围的同龄女孩一个个花枝招展，总觉得自己是鸡立鹤群。她在潜意识里一直认为，女孩子若是长得不漂亮，那生命就是有缺憾的，恋爱、工作处处都会吃亏。这样的想法占据着她的整颗心，让她对什么事都无精打采，提不起兴致。

偶然的一次机会，她替同学给一位女教授当助手。那位教授是系里出了名的好脾气，性情温和，尽管已近50岁，可言谈举止却都透着一股知性与优雅。她对这位教授也充满了敬畏与崇拜，那天下午，她觉得时间过得很快，而自己从未那样专注过一件事。忙完工作后，教授客气地跟她道谢，她嫣然一笑，发自内心地喜悦。

这时，女教授突然说了一句："你笑起来很好看。"这么多年，还没有人用"好看"的字眼形容过自己，仔细想想，大概也是因为从前很少笑吧！

女教授的话像是一把钥匙，开启了她对生活的希望，此后她变得爱笑了，生活也变得丰富起来，不再那么阴郁，也不再羡慕别人。在充满笑容的日子里，她找到了属于自己的一份自信和骄傲。

每个女人不一定都会得到美丽女神的眷顾，但容颜只是你的一部分，或许你还有美好的个性、聪明的大脑、机敏的应变能力……世界上没有一无是处的女人。在生命的大舞台上，演好自己就足够了，因为你是独一无二的、独立的、与众不同的，你有自己的优点和长处。不要羡慕别人的那一点“美”，也不要一味模仿别人、追随别人，丢失自己的本性。

美国心理学家弗洛姆在《爱的艺术》中写过一段经典之言。“她不一定漂亮，但是一定有着在众人中被你一眼认出的气质。她自给自足，放纵自己尽情地享受生命的乐趣，又清醒地保持灵魂的明净。”但愿在此后的人生里，我们都能够成为这样的女子。

## 想要的东西，自己买给自己

多年前读书的时候，身边发生过这样一件事。

一个男生喜欢上了一个女生，经常给她买东西。那时候，对一个学生来说，能有一部手机和音乐播放器，就算是很奢侈了。女生分明对那个男生没有好感，但因为男生总能给她制造惊喜，送她不同的礼物，她就背着“早恋”的头衔，跟男生交往了。

其实，那男生并不是什么富二代，他的家境很普通。为了满足女孩的欲望，讨她的欢心，男生偷偷地去卖血，还偷过东西，到后来，竟发展到去抢劫低年级的学生。学校发现了他的劣行，勒令他退学了。

周围的人都知道了男生的事，也知道女生在跟他交往，原本就有不少流言蜚语的她，再次被推到了风口浪尖上。女孩怕被人说，就断然提出了分手。年轻气盛的男孩顿时觉得人心冷漠，他正是为了她，才走到了这一步，没想到，最终换来的却是一句漫不经心的分手。

男生不甘心，恳求女生再给自己一次机会，说今后不会再做这样的事了。女生很决绝，说自己从来就没有喜欢过他。就是这句话彻底激怒了男生，第二天再见面时，男生带着绝望用刀连刺了女孩十几刀。一个如花的生命，就这样陨落了。

一个十七八岁的女孩子，被欲望操控了，最终酿成了这样的悲剧，让人痛心的同时也不得不陷入深思。若是没有经济能力，就该降低自己的欲望，告诉自己：那东西就在那里，等我有能力的时候，我再去得到它。切不要为了某一件事，出卖自己的感情和灵魂，要知道，这个世界上没有什么比“你”更珍贵。

茉莉一直有个心愿，就是去西藏的布达拉宫看看。从未独自旅行过的她，渴望身边有一双强有力的手，拉着她去看世界。遇见男友峰的时候，他信誓旦旦地说：“今后你想去什么地方，我都陪着你。”无奈，誓言与承诺都是有口无心，从陌生互有好感走到至亲之人时，曾经说过的话，他俨然都不记得了。没时间、没有钱、没兴趣，一切都成了失言的理由。

一个阳光明媚的日子，茉莉终于不再等待。她想起安妮说的那段话：“为何要在茫茫人海寻找灵魂唯一之伴侣？自己是唯一伴侣，他人不过是路边风景，就如你坐在火车上，看得到风景在出现、消失、又出现，一直此起彼伏，那是因为你在前进。你只能带着自己去旅行。对他人，可以善待、珍重，但无须寄予厚望。没有人可以解决我们的内心。”是的，自己想要的，自己想做的，自己去实现。

茉莉买了那一张渴望已久的车票，坐上了开往拉萨的火车。在经历了这件事后，茉莉想明白了很多东西。她爱花，从前希冀着身边的人能像电影里演绎的那般，在恰当的时候给自己送上鲜花和浪漫，如今她却不再等待，想要花的时候，就自己到花店买一束清新的百合，放在喜欢的竹藤圆茶几上，随时嗅一嗅它的芳香，提醒自己做个幸福的女子；想要一条精美的锁骨链，不会希冀着谁来送，在取得了某些小成就的时候，干脆买来送给自己作为礼物。

如今，她很享受那一份买礼物给自己的情调，带着丝丝的浪漫，透着微微的感动，漾出缕缕的温存。那是一个女人给自己一份心疼、一份宠爱、一份慰藉，也是一个女人在物欲横流的时代中，留在心底深处最柔软的生活情调。

记得靳羽西曾在一次访谈中说："女人最重要的是经济的独立。我现在最大的自由是，我可以从自己的口袋里掏钱买书、买我喜欢的衣服，这是女人最大的自由。现在许多年轻的女孩子需要什么东西的时候就对她的男朋友或爱人说，我喜欢这个我喜欢那个，她们是不自由的。我以前曾经嫁过一个很有钱的男人，可是他没有给过我一毛钱。"

是的，女人在生活中最优雅、最洒脱的一种姿态，莫过于自己想要的东西自己买，无须伸手向任何人要，也无须眼巴巴地等着谁来送。有能力撑得起自己想要的东西，那是一份自尊自爱，也是一份自由洒脱，你不必受制于任何人，可以随时随心地宠爱自己。

生活永远是冷暖自知，别奢望谁能永远知你的心，也别祈求谁能第一时间给你想要的生活。若真是想要一件东西，想体验一种情调，最好的办法就是自己成全自己。恰如素黑所言：自爱，无须等待！

## 懂得取悦自己，体味幸福

曾在某知名女性杂志上看到过一篇专访，话题是“如何爱自己，做一个快乐的女人”。

一位睿智女子的回答，至今令我记忆犹新，她说：“女为己悦而容。让自己时刻保持美丽的姿态，是女人疼爱自己的方式，而不是为了取悦谁的青睐。”

读到这里时，真是令人啧啧称赞，果然是一个懂得爱自己，且又很会爱自己的女人。更精彩的，是她后面的补充，“我不害怕变老，也不担心自己不够好，更不介意别人的不欣赏。人不可能完美，别人批评我的不好时，我会置之一笑。我开心自己所拥有的，就算没有人欣赏，我依然每天打理自己的外在，充实自己的内在，不用在人前活得精致，在人后变得邋遢。我不为取悦谁而装扮，也不为了让谁开心而活。我爱我自己，我的美丽，只是对自己负责。”

这个女子主宰着自己的生活，主宰着自己的世界，主宰着自己的容颜。单身的她，甚至还略带调侃地说，就算全世界没有哪个男人爱上她，她依然会让自己美丽地活着，用她自己的话来说："打扮自己的时候，我心情很好，哪怕只是穿了一件喜欢的内衣、一双鞋，洒了最爱的香水，我也能由内至外地体会到幸福。"

在我看来，这才是真正的淡定与优雅。不是为了取悦谁而故作优雅之态，而是在装扮中发现自己的美，唤醒生命里的自信，让自己的灵魂散发出香气。优雅与容貌没有太大的关系，每个女人都有经营自我的权利，先从心态上把自己调整好了，生活中的一切都会变得井然有序，萌生出优雅的气息和幸福的味道。

女友孟娅深谙做女人之道，她总说："热爱生活，照顾好家庭，不冷落自己，这才是一个女人最好的生活状态。"

35岁的她模样清秀，才华横溢，嫁的丈夫也是气宇轩昂。当初选择他，只因欣赏他的才气，压根也没想过日后的婚房只有20平方米。婚后的日子不算太富裕，却也恩爱。她会煲汤，做得一手好菜，会精打细算地过日子。

怀孕的时候，丈夫的事业刚起步，每天忙着应酬，经常不在家。她绝望过，想过离婚，但经过一番思虑后，她发现问题的症结不在丈夫，而在自己。她一直认为，婚姻应当是给自己带来幸福的途径，却未曾想过，幸福的婚姻靠的是经营。

她强迫自己不去想烦心事，安心养胎。感觉累的时候，就让母亲过来陪陪自己，顺带帮点小忙。她不再缠着丈夫问长问短，求他陪自己散步。说来也怪，日子一天天地过去，原本黯然无光的生活，竟然变得灿烂起来。丈夫对她，也渐渐敞开了心扉，不等她多问，他就会主动向她倾诉。

女儿4岁时，他们买了新房。孟娅把新家布置得精致温馨。丈夫每次出差回来，都能发现些许的改变，看到女儿画的可爱图，心里也觉得暖暖的。工作不忙的时候，孟娅会做一些创意的点心，学两样新鲜的菜，带女儿去游乐场，记录女儿每一段成长的时光。她还开始学英文，在送女儿去幼儿园之后，到英语角练口语，结识朋友。后来，她竟然也能够磕磕巴巴地用英文与人交谈。

丈夫愈发觉得，这个陪伴自己近10年的女子，竟然还有那么多自己不了解的特质，这一切都让他觉得既陌生又熟悉，并深深为之吸引。对于梦娅来说，她对丈夫的感情一如既往，只是她不会再缠着对方，她懂得了女人要取悦自己，只有自己快乐起来，才能给周围的人带来幸福，让整个家变得富有活力。这种能力，无论何时何地，无论是谁，都无法从她那里夺走，那是根植于心的生命力。

我身边还有许多懂得生活的女性，比如母亲的一位同事，站在了近60岁的门槛，但年轻这两个字却从来没有离开过她。与她相处几次便强烈地感知到，她的内心还保持着20岁时的情怀。

不管多忙，这位阿姨每周会抽出一个晚上去游泳，这份爱好坚持了很多年，也给了她曼妙的身姿；不管多累，她每天都会做上两三道菜，一道菜迁就儿子和丈夫的口味，一道菜做给自己；不管多苦，她都不会让自己邋遢地出门，精致而优雅的气韵是她作为女人最不愿意放弃的资本。

她爱自己的家人，但从没有把他们当成生命的全部，彼此间的关系，是亲人，更是朋友。她不会为儿子没有成为“第一”而沮丧，她要的是儿子拥有幸福的能力。儿子出国后，她不会隔三差五地打电话，而是悉心安排自己与丈夫的旅行。她说："两代人该有各自的生活，孩子的路要他自己走，我们要关心的是自己剩余的人生。"

有空的时候，她会在温暖的灯光下，品一杯红酒，听一段昆曲；或者是一个人去听音乐话，看话剧。她始终觉得，情调不只是年轻女人的专利，每个年龄段的女人都可以拥有，这是一种对生命的体悟，更是对生活的享受。

女人唯有懂得取悦自己，拥有让自己幸福的能力，才可以让幸福延绵不断地持续下去。不要以为爱情和家庭就是生活的全部，放松一点，看看外面的阳光，享受一下生活。这种享受，不一定要山珍海味，绫罗绸缎；也不一定非要远行，跋山涉水，它就在每一个平淡日子里，就在你精心装点的角落里。

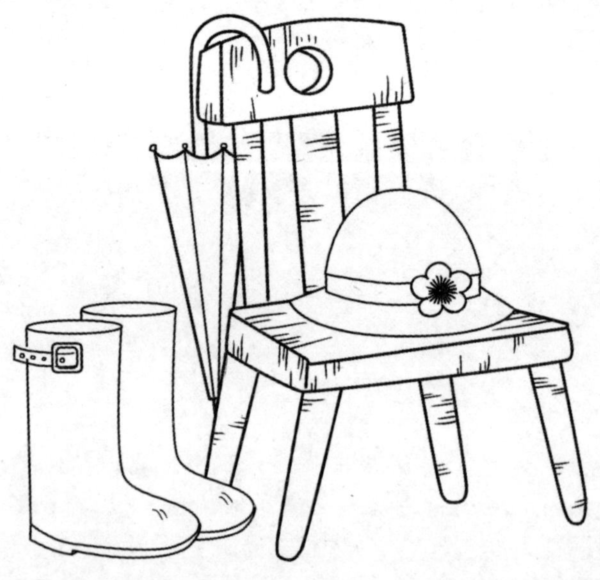

# 第八章

## 在不慌不忙中，营造宁静舒适的生活

人生的比拼，比的是耐力，是长久的胜利，而不是某一时段的胜败。走得快，远不如走得稳、走得踏实。若是太急躁了，往往会失去更珍贵的东西。生命之所以能绽放出光彩，在于灵魂与身体和谐的统一。

## 不争不比，安心过自己的日子

空闲的时候，总喜欢逛论坛看人生百态，这个习惯已有十余年了。

记得曾看过一个讨论帖：“人生最悲惨的事是什么？”跟帖的人很多，有的说生离死别，遗憾重重；有的说天灾人祸，让人难以接受。不过，这样的回答终究还是少数，更多的人都在以调侃的姿态奚落着自己的生活：“人生最悲惨的事，是朋友吃着山珍海味，自己吃着馒头咸菜；朋友住着高档别墅，自己却在出租屋；别人背着LV，自己还没进过免税店……”

透过评论与留言，透过字里行间的叹息，可以想象得出，屏幕背后定是一张张愤愤不平的脸。难怪世人总说，生活的累一半源自生存，一半源自攀比。很多女人根本不是为自己活着，而是为了面子活着；她们的烦恼也不是真的缺少什么，而是因为“身边的人比自己好”，导致心理失衡。

许菲是一个倔强的姑娘，自幼娇生惯养的她，骨子里藏着一份优越感。在家乡小城生活时，论个人条件和家境，她都是圈子里的佼佼者。转变是从上大学后开始的，她考入了上海一所大学，从小城来到大都市，所见所闻都跟从前大不一样，她的心思也渐渐变得沉重了。

毕业后，她去了杭州工作。当租房客的时候，她羡慕那些有房的女人，总觉着像自己这样优秀、能干的女人，必须名下有套房才说得过去。性格要强的她，把所有的心力都放在购房上，她比公司里的其他业务员都努力，靠着四五年的打拼，她总算是攒够了首付，买下了一套小房。不过，这种满足感没有持续多久，因为上班距离远，偶尔还要打车，她深感交通不便。听到公司的一位女同事说，自家要在市中心换一套大房子，她心里又开始不平衡。

平日在穿着打扮方面，许菲一向讲求质量、品味，可看到嫁给有钱老公的表姐从国外买回了奢侈品，她心里有种说不出的难受，就好像自己顿时矮了人一截，脸上无光。她觉得，那些东西仿佛是她应该享有的，而非她人。

爱看韩剧、迷恋浪漫爱情的她，有时往往分不清幻想和现实，越是迷恋那些虚幻的东西，越是感觉眼下拥有的一切都没有价值。她谈过几次恋爱，最后都以失败告终。某前男友说：“跟你在一起压力太大，不管我怎么做，你都觉得不满意。一个男人不能让自己喜欢的女人开心，在一起时总惹得她满腹委屈，这种挫败感让我特沮丧。”

置身事外的我们，从旁观的角度来看，或许比当事人更理性。论物质生活，论事业家庭，许菲比很多人都幸运，可她却比很多人都不快乐。她享受不到优秀给自己带来的成就感，因为她总盯着那些超过自己的人，害怕别人得到自己无法得到的名誉和地位；她自己做不到的事情，也希望别人不要办成，因为她不想看到别人比自己强。

没有知足和惜福的心态，没有淡定自若的姿态，自然看什么都不满意，怎么活都觉得累。若是能把攀比之心放下，安心过自己的日子，也就不会那么痛苦了。一位见惯了生死离别的女医学教授，对生命的感悟极其透彻，她说：“一个人活一辈子，开开心心才是对自己好。总是跟别人比，心理肯定会失衡，情绪也会受影响，时间长了病也就跟着来了，倒不如凡事看开点，活得简单些。我母亲就是一个开朗平和的人，在我的印象里，她很少因为一点小事就生气，也从不会拿自家的事情跟别人比，一辈子乐乐呵呵，现在她都已经102岁了。”

真可惜，世间有太多女子不理解这件事，习惯了把目光停在别人身上，哀叹着自己的不幸。记得英国广播公司推出过一个系列剧《保住面子》，里面的女主角巴凯特就是这样的人。

巴凯特身在一个中产之家，却总是看着邻居的生活。每次看见邻居有了收获、得了财富、提高了地位，心里就很难过，觉得自己不幸福。终于有一天，老邻居搬走了，一户新邻居搬了过来。新邻居家的情况不那么好，家人被疾病缠身，还总是破财。看到如此悲惨的情景，巴凯特对上帝充满了感恩，觉得自己无比幸福。

从始至终，巴凯特的生活境遇没有一丝的改变，唯一改变的就是她周围的人。跟老邻居比，自己的境遇差了点，就深感不幸；跟新邻居比，自己的境遇好很多，就深感幸福。倘若有一天，新邻居的生活好了起来，她的幸福很可能又会在一夜之间跑得无影无踪。

从某种意义上来说，女人若要在社会与生活中确定自己的位置，不断地超越自我，得需要一个参照。但这种参照，应当是一种目标，而不是看到谁好就跟风，看到谁差就止步。你看那冬日里的腊梅，温暖春日百花盛放的时候，它从不去争艳；炎炎夏日莲花散发幽香的时候，它从不去斗芬芳；瑟瑟秋日黄色雏菊笑靥如花的时候，它从不去懊恼；冬雪皑皑百花沉睡的时候，它才傲然自若地开放。凌寒独自开，不争不抢，用平和的姿态傲立雪中，那顽强的生命力、骄傲的姿态，是它独特的美。

优雅的女人，也当有腊梅的气质，坚信着自己的美好，安心地过自己的生活。面对别人的富贵荣华，只需云淡风轻地欣赏，不必以己而悲，也无须为了争抢之事而折磨自己。人生短短几十年的光景，把时间和精力浪费在与人攀比上，实在可惜。因为，在人生的竞技场上，只有自己才是永远的主角。

## 别催促自己，让脚步顺从心灵

北漂，这个贴在身上十几年的标签，终于随着那一串房门钥匙的到来，被彻底地撕掉了。她也终于在北京这个陌生又熟悉的城市，有一个属于自己的家。这一切，来得有多不容易，期间吃过多少苦、流过多少泪，只有她自己最清楚。

从22岁到35岁，整整13年，她从没有停歇过。最初，是为了在城市里有立足之地，她忙着学习充电，积累经验。再后来，她遇见了同是北漂的另一半，结束了单身的日子，且有了自己的孩子。此时的她，对房子的渴望更强烈了，身心承受的压力也比从前大了许多。为了早点买房，她更是不敢有丝毫的懈怠。

身在业务经理的位置，压力可想而知。她的生活，就像是上足了劲的发条一样，被各种事情塞得满满的，紧赶慢赶也未必能处理完。起初，她还觉得年轻人忙一点没关系，但时间长了，却不时地生出了紧张、沉重、焦虑不安的情绪。

某个周五，她6点钟起床，6点半离开家去单位。因为住在郊区，车程比较长，她必须在8点之前到公司，所以不管春夏秋冬都是如此。9点钟她要跟老总一块儿去谈判，中午12点陪客户吃饭商谈，下午2点还要回公司布置周末促销活动，晚上向老总汇报下个月的工作计划，11点以后才能回家休息。

终于忙完后，她走出公司。此时，街上的行人已经很少了。等了许久，也没等到一辆出租车。她慢慢地在路上走着，呼吸着雨后的新鲜空气，顿时觉得心里有种久违的平静。想起大学毕业前的最后一晚，也是一个下雨的夜，几个青春正浓的女孩子，在外面感受着淅淅沥沥的小雨，暗喻着自己即将接受人生风雨的洗礼。那时的她们，被血脉中涌动的青春激动着，心中对未来充满了向往和期待。

好像就是从那天以后，她再没有好好享受过雨夜，也没留意过雨后的天空。工作之后的她，一直努力地向前奔跑着，从未停下脚步看看路旁的风景，更没有回过头审视过来时的路，目标似乎总在前方，工作也总显得太忙，她奔跑的速度也越来越快。

走着走着，看到街头KFC的标志，她才意识到自己还没吃饭。既然打不到车，就先吃点东西再说吧！坐在安静的餐厅里，望着汉堡和可乐，她突然想起了曾经看过的一位日本餐饮巨头总结的成功之道：在其连锁店中提供给顾客的，永远是17cm厚的汉堡，4℃的可乐，因为这是令客人感觉最佳的口感。事实上，他完全可以选择把汉堡做成20cm，也可以把可乐加热到10℃，但那并不是它们的最佳口感。

那一刻，她想到了生活。对于幸福，其实也只要17cm和4℃就够了，快乐是一路上持续发生的，就像这个雨后清新的夜晚，带给了自己的宁静与平和，扫清了白天里的疲惫和压力。想起明天的工作，想

到未来，她的心突然不那么紧张了，她决定放慢脚步，不再去追求“过快的速度”和“过高的温度”，扔掉那些不切实际的想法，聆听内心的声音。

她开始安慰自己说，生活慢一点也无妨，慢下来的日子，或许能够把最初那份简单的快乐重新找回来。后来的这几年，她的心态有了极大的转变，尽管工作还是很忙，但心的节奏却不那么紧凑而慌张了。有意思的是，当她决定用走的方式来对待生活时，却比从前跑着的姿势更快了。如今，房子有了着落，工作安稳，家庭生活也很惬意。

为了生活，许多人都在马不停蹄地奔波，即使在休息的时候，也会不由自主、忧心忡忡地回到工作时的忙碌状态。我们都曾以为，快一点儿就能让生活变得更好，可约翰·列侬却说：“当我们正在为生活疲于奔命的时候，生活已经离我们而去。”

漫漫人生路上，无论你的脚步有多快，都无法预知下一站的风景会是什么。与其辛苦追赶，不如恬淡安然地按照自己的节奏去行走，享受一路上的山川花草、曲水流觞，享受闲淡时的一杯清茶，热烈时的一个拥抱，在色彩缤纷的过程中勾画每个人不同的世界。

人生的比拼，比的是耐力，是长久的胜利，而不是某一时段的胜败。走得快，远不如走得稳、走得踏实。若是太急躁了，往往会失去更珍贵的东西。生命之所以能绽放出光彩，在于灵魂与身体和谐的统一。当我们感到最舒适、最惬意的时候，往往是灵魂离身体最近的时候。那时的我们，有心情去回望曾经的故事，有时间细数过去生活中点点滴滴的感动，有心思静下心来品味平淡的日子。

每当迷失自我的时候，试着点一盏心灯，让它照亮来时的路，等着灵魂一点一点地跟上来。在这个纷扰繁忙的世界里，多看几本书，静心地做做瑜伽，平衡下心灵，给自己一段独处的时间，喝喝咖啡，养养花草，或是打起背包行走天涯。做一个不慌不忙、有充裕时间感受生命美好时刻的女人，淡定从容地品尝慢趣、享受慢乐，这才是幸福的节奏。

## 试着把生活过得艺术一点

优雅的女人不都是艺术家，但她们能够把生活当成艺术，将自己打造成生活的艺术家。

女作家玛利·韦伯说过：“你爱好什么都可以，但你总得有所爱好。”女人有所爱好，精神才会有所寄托，心灵才会有所附着。对这位女作家自己而言，自然和文学就是她一生最爱的两件事。

玛利·韦伯有一个宽敞的园圃，四季都盛开着花卉。她晨昏守望在花园里，内心充满了不可言喻的喜悦。为了让更多的人嗅到园中花朵的芬芳，也为了以诗意的工作来减轻先生生活的重负，她经常天蒙蒙亮就起床，将一些带露的花朵剪下来，放在挑筐里，背到城中去叫卖，往往要到午前才能回家。偶尔，途中遇到了雨雪，回来时身上湿淋淋的，但她并不介意，一边用手帕擦拭额间的雨水和汗水，一边笑着对家人说：“我已经完成一件美差了。”

接着，她就走进书房，展开纸、拿起笔，写下几行字后，看看天已晌午，就匆匆地赶到厨房，将面粉调好，做成饼子，放在火上烘焙。随即，再擦擦手上的面粉，重新拿起笔来。当她文思泉涌、写得正入神时，一阵阵焦味从厨房飘了进来。她望着身边的先生，带着几分歉意笑笑，赶紧跑到厨房。好在先生极其体贴，即便饼子烤焦了，他依然觉得很好吃。他太了解自己这个年轻的妻子了，知道她爱自己、爱文学，也爱她自己。正因为这些爱，他没有办法不原谅这个可爱的厨娘。

在那样艰苦的环境下，玛利·韦伯生活得很快乐，只因她的精神有所寄托。所以，当她穷困到步行数十里到城中去卖花时，当她繁忙到写几行字就得跑到厨房去翻看面饼时，她的内心依然没有幽怨，她只是说“我已经完成一件美差”，只是向先生露出甜美、略带歉意的微笑。因为她懂得生活，了解生活的艺术，倾心于美好的、崇高的、有意义的事物与工作，以至于她的生活充满了诗意，成为一种艺术。

生活如同一杯白开水，清澈透明，淡淡无味。你加入什么调料，就能喝出什么样的味道；你加入什么颜色，呈现在眼前的就是什么颜色。日子不怕淡，就怕自己把白水熬成苦药或毒药，若是用心品味、用心欣赏，你会发现平淡如水的生活里一样蕴藏着诗意的美好，一样可以折射出太阳的光芒，绽放五颜六色的璀璨光彩。

我经常去逛的那家创意礼品店，店主是一个很有韵味的女人。她45岁上下，虽看起来不如年轻女孩那么楚楚动人，但阅历带给她的气质能震慑住青春妙龄的美。她时常在店里画画，说这个爱好已经陪伴她30年了。由于家里条件一般，母亲还曾为此事指责过她，说：“把生活费全用在买画板、买颜料上了，日子还过不过了？”

她不怨母亲，知道母亲生长在特殊的年代，经历过贫苦和饥荒，见她的所作所为，俨然觉得她是一个不会过日子的女人。其实不仅是母亲，周围的很多同龄人也不理解，说她纯粹是在“装样子”，毕竟不是专业的画家，也没系统地学过。

对这些异样的声音和目光，她从来都不介怀，只是我行我素。她知道，金钱和情趣是两回事。很多人有钱，但未必懂得创造和品味高雅的生活。她喜欢画画，不是非要靠它来吃饭，也不是为了拿出来作秀，而是喜欢用画笔把自己看到的、感受到的东西画下来，这是一份对生活的感知与热爱，就像她那句口头禅所说：“人要有把日子过成艺术的心境。”

还有南京的一位妈妈，看起来样貌平平，却有着一手“绝活”：一年365天，几乎每天都在给儿子变着花样地做美食，健康、营养自不用说，最有创意的是，她能把简单的几样饭菜做成孩子喜欢的各种图案：椰子树、笑脸、脸谱、黄鸭……她把做好的每顿饭都拍成图片，再把食材、做法都传上微博，让众多网友拍手叫好，甚至有人感叹说：“我不吃早餐，是因为早餐做得不够有爱。若是做成这样，我每天肯定会早起1个小时，不睡懒觉。”

柴米油盐、一日三餐，多么平淡且平常的一件事。可是，有心的女人却能让每一个普通的日子闪闪发光。她同样也要上班，要做家务，但她从未把准备饭菜当成一种任务，或是不得不做的事，而是带着一种热情和情致去感受全新的体验，那是她对孩子和家人的爱，也是她对生活的爱。

一个活得丰富的女人，仅仅拥有此生此世是不够的，还应当拥有诗意的世界。其实，诗意一直都在，只不过很多人在忙碌中疏忽了，在生活中把它遮蔽了、忘却了。试着换一种生活方式，在午后找一间酒吧，坐在宽松的长椅上用啤酒满足一下内心的狂野，用舒畅的音乐清洗一下紧张的大脑，闭着眼睛静静地享受；在霓虹灯点亮的时候，选择漫步在街上，欣赏着繁华之余的美丽。生活可以过得乏善可陈，也可以过得诗意焕发，一切全在你的感悟与改变。从这一刻起，把平淡的日子梳理成诗意的风景吧！

## 永远给自己留一间“屋子”

一次失败的恋爱，把潇潇变成了工作狂和派对狂。白天，她把所有的重心放在工作中；夜晚，她总是找朋友、同事聚会，或者去酒吧消遣时光。周围的同事都已经习惯了她“多姿多彩”的生活作风，可没有人知道，热闹过后，她的落寞感和空虚感更加强烈。

潇潇害怕独处，独自在家的时候，她总会将电视机声音开到最大。她害怕寂寞，所以选择让自己常常置身于人多热闹的场合。但她心里很清楚，这不该是一种常态，她实在渴望找寻一个出口，彻底解决这个问题。

偶然的一次机会，她参加了一次专业的心理辅导课。那次课上，导师让所有人安静地坐10分钟，感受内心的变化。要做这样的测试，对潇潇来说，无疑是一种考验。一向做事风风火火的潇潇，才坐了一分钟，就开始东张西望，瞻前顾后，她想知道别人在做什么。两分钟过后，她变得躁动不安，往常这个时候，她不是在办公室里开着紧张的会议，就是在跟下属讨论方案，此时轻松的环境让她觉得很不适应。5分钟后，她忽然想起自己还有好几个客户没有联系……8分钟的时候，她开始受不了这种心灵上的煎熬，希望测试早点结束。

时间一分一秒地过去了，潇潇觉得自己度日如年，从来没有这么煎熬过。时间一到，她的嘴巴闲不住了，机关枪一样，连发了几颗"炮弹"。培训班响起一阵热烈的交谈，那些白领们仿佛10分钟没有呼吸一样，一定要立刻将10分钟的宁静补回来。

这时，导师开始讲话："计算一下，刚才你们有多长的时间在与自己独处？"潇潇的答案是零。她才发现，原来自己一直活在热闹而纷乱的环境中，从来都不曾与自己独处过。

在车水马龙、热闹繁杂的大都市里，跟潇潇有着相同经历的女性太多了。她们在忙碌中跟时间赛跑，感觉每件事似乎都跟自己有关，停不下匆忙的脚步，躲不开拥挤的人群，剪不断恼人的思绪，心灵被外物所遮蔽、掩饰，浮躁的情绪充斥着整颗心，她们已经忘了给自己留一点独处的时间，对自己的心说说话。直到有一天，她们发现心灵的空间已经缩得很小很小，生命的风帆也开始慢慢萎缩，飘摇着找不到前进的方向。

伍尔夫曾经说过："女人要有一间自己的屋子。"他说的这间屋子，不是指房子，而是心灵的空间。一个淡定成熟的女人应该懂得与自己相处，在心灵上留下一个完全属于自己的角落，所有的秘密、所有的悲欢喜乐，统统被收藏在此。在独处的时候，让浮躁沉淀下去，不再防备，不再挣扎，安安静静地给心灵放个假。

其实，真正的孤独是一种享受。它能教女人远离红尘，冷静地想想自己的过与失，还能把自己放在一个适当的角度深刻解剖。哈瑞·艾默生·福斯狄克说过一句富有诗意的话："不能忍受独处生活的人，就像受风吹拂的池塘，风不停，永远无法获得平静，反映自己美好的东西。"

孤独是一种奢侈，它需要时间，需要空间，更需要心境。女人要学会沉淀生命，和自己独处，带着思想穿过无数的黑暗深渊，让心灵拥有一种内在的安详。即使你已经习惯了身边的喧闹，也不要将自己心灵的堡垒废置，你需要修葺，使它更加完善，才能经受住更狂的风雨，而独处就是一种修复心灵的途径。

莫妮3年前进入现在就职的外企，最初只是一名助理，如今她已经成了人力资源部的主管。3年来，她早出晚归，卖力地工作，所有休息的时间也都用在了工作和学习上。尽管在上司眼里她是优秀的员工，在同事的眼里她是个出色的主管，可她对自己愈发感到陌生。

这半年，她总是情绪烦躁，和同事的关系也不如从前那样自在，很多事明明可以做好，现在却有些不知所措。浮躁和厌倦包围着她，精力总是不能集中，坐在办公室里有种想要逃离的冲动，想远离人群，到新的环境和生活状态中去。这种痛苦的情绪，折磨得她日夜难安。她告诉自己：我需要冷静地想想自己是怎么了。

终于，又到了休年假的日子。这一次，莫妮带上行囊，独自一人去了郊区。她租住了一间农家院，每天一个人吃饭、散步，在山水间领略自然的美好，没有工作的烦恼，没有生活的压力，彻底地放空身心。几天后，她带着饱满的精神回到了公司，感觉一切又和当初一样了。

这个世上没有谁可以忍受绝对的孤独，但是，绝对不能忍受孤独的人却是一个灵魂空虚的人。独处就像一根希望的绳子，把人从泥潭中拉出来；独处的时光，给了心灵休憩的地方，让人学会安静思考，沉下心来和自己对话。你不必离群索居，也不必终日把自己关在房间里，只要每天抽出一点时间静一静，把独处静思融入工作、学习之余，就可以让心灵得到休憩。

记得张爱玲写过一段美丽的文字："夜那么长，足够我把每一盏灯都点亮，守在门旁，换上我最美丽的衣裳。"在未来的日子里，我们都该学着享受孤独，如此才能成为最淡定、最优雅、最幸福的女人。

## 用心去领悟一个“淡”字

乾隆皇帝下江南的时候，曾遇到一位金山寺的高僧。

乾隆问高僧：“长江中的船每天都来来往往，甚是繁华，一天到底要经过多少条船啊？”

高僧回答得很简单：“这里只有两条船。”

乾隆连忙问道：“怎么会只有两条船呢？”

高僧答：“一条为名，一条为利，整个江中来往的无非就是这两条船。”

乾隆又问道：“为什么这么多人都在为名利而奔波？”

高僧答曰：“人活一世，无论贫穷贵贱，穷达顺逆，都是活在真空中，从不听从于内心的声音。他们一味地想着生存，却都离不开名利二字。”

世间在意名利、爱慕虚荣的女人，就像那江上来来往往的数之不尽的小舟，每天奔波着、忙碌着。她们热爱名利带来的物质享受，以及表面上的风光，却把最沉重的压力给了自己，用人生的幸福做了交易的筹码。

这令人不禁想起萨克雷的《名利场》，女主人公丽蓓卡·夏普，一生都在不断追求着名利，可到了最后，她的一切心机全都白费了。萨克雷在小说的结尾处，以伤感而又无奈的语气道出了自己的感悟："唉，浮名虚利，一切虚空，我们这些人谁又是真正快活地活着的？谁又是称心如意地活着的？就算当时遂了自己的心愿，以后还不是照样不知足？"

心浮躁了，人就会焦虑。哗众取宠、急功近利、随波逐流变成了生活的基调；价值观错位，沉淀不下心性做事，好高骛远、脾气暴躁也纷纷来袭，侵蚀了女人宁静的灵魂和一颗平常心。殊不知，越是浮躁，越是等不及，越是难以如愿。

月儿家里条件不好，从小饱尝了旁人的冷眼。忘了从什么时候起，她把金钱当成了自我价值的标尺和人生的目标。她自学了会计，在职场摸爬滚打十余年，最终进了一家中等规模的公司，后升职为财务经理。

任期期间，她深得老板的信任，也不断得到额外的奖金。在金钱与物欲的诱惑下，她被老板"收买"，开始给公司做假账，隐瞒了部分货物的销售收入。靠着做假账拿的外快，她买了车，租了高档公寓，惹得不少人艳羡。她自以为好日子才刚开始，却没料到一切都已结束。耍小聪明、走捷径，踩着法律和道德的底线走，最终落水湿身，悔恨一生。

不愿意脚踏实地地生活，希冀着奇迹能在顷刻间出现；注重浮夸的表象，追求虚假的荣耀，忽略了纯粹而真挚的感情，错失了生命里最珍贵的东西；内心修炼不够，动不动就与人争吵，言行上一点儿亏不肯吃，锱铢必较……这都是心浮气躁的表现。当一个女人的内心被欲望、虚荣、愤怒、狭隘占据的时候，优雅与美好自然也就无处安放了。

美国哲学家、文学家罗斯李普曼年轻时，曾经遇到过一位长者。长者让他列出人生中最美好的事物，于是他把内心向往的爱情、才华、权利、财富和声望等逐一写在了纸上，并自以为这些已囊括生命中不可或缺的美好事物，可谓是一份完美的答卷。长者看过后摇摇头，说里面少了一样最重要的东西。如果没有它，你所写的这一切都会变成可怕的痛苦，变成人生中难以承受的负担。长者将他所有的答案划掉，然后郑重其事地写下了4个字：心如止水。

长者的答案，让罗斯李普曼如梦初醒。这个世界上，拥有健康和名望的人很多，可唯有心灵的宁静才是上帝赐予人们的最后恩典。而绝大多数的人，一辈子都未必能够得到这份厚爱。长者的教诲，罗斯李普曼一生铭记于心，也最终让他成了一位真正的智者、一位牧师和心灵导师。他用自己的人生感悟告诉世人：任何财富都无法换来内心的安宁；即便没有外在的物质，也可以让心灵安详、富足。只要内心是安宁的，生活再苦再累，也阻挡不了追求幸福的乐趣；一旦心灵充满躁动和不安，拥有再多，生活也索然无味。

你看那些气质优雅、不温不火的女人，心灵深处无疑都蕴藏着一股清泉，随时提醒自己，熄灭欲望与愤怒的火焰，保持一份清凉。她们不是看不懂世间的是是非非，只是知而不随，能够按捺住自己驿动的心，守住默默无闻时的平淡与孤独。

她们还知道，对于广阔的世界来说，每个人都是一个来去匆匆的过客。名利，都是过眼云烟，生不带来死不带去，与其一生为其所累，倒不如做一个如水般淡泊的女子，在平平淡淡的生活中，凝练出一份宁静的心态，营造出一份淡泊的情怀。

## 给家里营造出温馨的氛围

曾听过一则笑话，至今记忆犹新。

一位男士总是邋里邋遢地出现在公司里，连上司都看不过去了。一日，上司专门找他谈仪容的问题，说道："看你每天穿戴如此不堪，我给你个建议。如果你还没有结婚，我建议你赶紧结婚；如果你已经结婚了，我建议你赶紧离婚。"

虽是笑话，却透露了一个信息：家庭环境的好坏，直接影响男人对外的形象，也直接映射出一个女人的修为素养。那么，什么样的家才算得上温馨呢？什么样的女人才算得上深谙家庭经营之道呢？什么样的女人在爱人心目中才算得上贤惠知心呢？

生活中，有些女人很努力、很认真地去做了，在忙碌的工作之余，把家里收拾得井井有条，可丈夫却总是不屑一顾，彼此间的关系、家里的氛围没有得到任何的改善，这着实令许多女人叫苦不迭。

王琳是个非常讲究的女人，很擅长装饰屋子。走进她的家，第一感觉就是很精致：房间的装修一律是柔软温和的色调，装饰器具也很特别，不管是客厅、厨房还是卧室，都收拾得一尘不染。她是一家单位里的行政主管，平时工作很忙，每天下班之后，要花不少功夫来打扫和整理房间，很是辛苦。

然而，王琳的付出似乎并没有换来丈夫的认可。相反，丈夫在家里待不住，总是借故在外面逗留。时间长了，两个人的关系就疏离了。王琳抱怨丈夫不顾家，而丈夫却说自己是个不拘小节的人，在这个精美的空间里，他觉得浑身不舒服。

对于这件事，王琳实在想不通，自己究竟错在哪儿了。结婚3年来，她为家庭、为丈夫付出不少，却还是留不住恋爱时的那份甜蜜，丈夫似乎也不体贴了，对她的态度日益冷淡。这样的日子让她觉得烦闷不已，甚至想到过离婚。只是，她内心还在犹豫，也担心自己一时冲动做出后悔的决定，便找到闺蜜倾诉。

闺蜜是个很有见地的女人，她的日子过得也不算太富裕，但她气定神闲的姿态，让所有人都能感受到她内心的幸福。王琳向闺蜜提及自己的婚姻问题时，闺蜜正在翻看一本书。

闺蜜让她做了一道心理测试题："春天的鲜花，夏天的溪水，秋天的月亮，冬天的太阳。你从这4个选项里挑一个最喜欢的，看看你是否具备浪漫气质。"

王琳选择了第3个，秋天的月亮。她说："这有点诗意的忧郁，我最喜欢这样的境界。"闺蜜笑了笑说："我选择冬天的太阳。我家的房子冬天会冷，有太阳，我家就温暖了。"

王琳怔怔地看着闺蜜，似乎明白了一个简单的道理，也知道为什么闺蜜能拥有让人羡慕的幸福了。因为，她懂得为家庭创造出充满温馨、舒适的环境，时时刻刻想着自己的家，想着自己的爱人。

反观自己，想到的永远都是“我”：我认为把家收拾得干净整洁，就有了贤妻范儿；我认为不用丈夫做家务，就是最大的关爱……回头想想，实在太主观了。自己从未考虑过丈夫的感受，从未问过他想要一个什么样的家，从来没有用丈夫需要的方式表达过自己的心意。想到这些，王琳觉得，不是婚姻出了问题，也不是丈夫不解风情，而是自己该换一种方式与丈夫相处了。

之前的王琳，只在形式上经营了家庭，只在外表上赋予了家温馨的样子。她的精致和讲究，全用在表象上。但她忘了，家不是旅馆，不是酒店，亦不是讲究情调的咖啡店，它需要的是一种氛围，一种充满温情与呵护的气场，一种少了谁都不完整的感觉；她也忘了，爱人不是到家里“走访”，他需要洁净的环境，当更需要的是待得舒服，家有了舒适和放松，才算得上真正的温馨。

真正懂生活的女人，无时无刻不在为家庭营造良好的氛围，为自己和家人创造一个温暖、有格调的小窝。外人不可能每天到你的家里走访，但你和家人要每天生活在这里。家的格调、家的氛围，多数情况下都需要女人来创造。靳羽西曾说过一句话：“最能代表你品位的地方，是你的家。”你能创造出一个什么样的家，你在周围人眼中就是什么样子。

# 淡定优雅女人必备书单

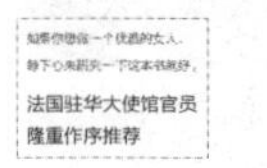


**《优雅是女人最美的外衣》**

优雅是每个女人一生的功课

优雅的女人永远不会老

**《像赫本一样优雅》**

优雅行之于简单，而不是展现繁复与奢华

奥黛丽·赫本告诉你优雅与美丽的秘密

**《心理学的帮助》**

只要不放弃内心的力量，终会走出人生雾霾

与林紫心理机构优秀心理咨询师倾心对谈